KB052415

이규보의 화원을 거닐다

이규보의 화원을 거닐다

초판 1쇄 발행일 2020년 7월 2일
초판 2쇄 발행일 2021년 7월 20일

지 은 이 홍희창
펴 낸 이 양옥매
디 자 인 임흥순
책임편집 백상웅
교 정 조준경

펴낸곳 도서출판 책과나무
출판등록 제2012-000376
주소 서울특별시 마포구 방울내로 79 이노빌딩 302호
대표전화 02.372.1537 **팩스** 02.372.1538
이메일 booknamu2007@naver.com
홈페이지 www.booknamu.com
ISBN 979-11-5776-911-7 (03480)

이 도서의 국립중앙도서관 출판예정도서목록(CIP)은
서지정보유통지원시스템 홈페이지(http://seoji.nl.go.kr)와
국가자료종합목록시스템(http://www.nl.go.kr/kolisnet)에서
이용하실 수 있습니다. (CIP제어번호: CIP2020025555)

* 표지 · 본문 그림 출처 : 국립고궁박물관 · 국립박물관 등

이규보의
화원을 거닐다

*

홍희창 지음

책과나무

사륜정[1]에서 봄꽃을 감상하며 술잔을 기울이던 어느 날, 내가 이규보에게 물었다.

“공(公)의 여러 글들을 살펴보니 꽃을 사랑하고 정원 가꾸기를 좋아하시는 것 같습니다.”

그가 대답하였다.

“그렇소, 세상 사람들 중 그 누가 꽃을 싫어하겠소. 그리고 어떤 글들을 읽으셨소?”

내가 대답하였다.

“조경기사 자격증을 가지고 있는 터라 공이 쓴 많은 글 중에서 「초당의 작은 정원을 정리하고(草堂理小園記)」와 「과수 접붙인 이야기(接菓記)」, 「꽃을 가꾸며(種花)」 등을 관심 있게 읽었소.”

그가 말했다.

1 바퀴를 네 개 달아 무더운 여름날에 햇볕을 피해 이리저리 옮길 수 있는 정자로, 이규보가 자신의 구상을 「사륜정기(四輪亭記)」란 글에 마치 건축물의 설계도처럼 자세히 적어 두었습니다.

“그것뿐만 아니라 맨드라미, 석류꽃, 배꽃, 해당화, 홍작약, 금전화, 동백꽃, 국화, 장미, 옥매화 등등 꽃을 읊은 시들도 꽤 많이 있었을 텐데요.”

내가 말했다.

“그렇습디다. 그렇게나 꽃을 사랑하시는 공이 어찌 온실을 만드는 것에 반대하셨소? 온실은 겨울에도 화초를 심어 둘 수 있고, 과실을 저장해 두기에도 좋지요. 게다가 한겨울에도 봄처럼 따뜻하여 손이 얼어서 트지 않으니 얼마나 좋겠소?”

이에 그가 대답하였다.

“여름에 덥고 겨울에 추운 건 사계절의 정상적인 이치인데, 만약 이것이 뒤집어진다면 비정상적이고 이상한 일이 아니겠소. 흙으로 온실을 만들어서 추운 걸 따뜻하게 바꿔 놓는다면 이는 하늘의 법칙을 어기는 일이 아니겠소?”

내가 다시 물었다.

“그렇게 말씀하신다면 어찌 신라에 석빙고가 있을 수 있었으며, ‘사륜정’ 또한 가능한 일이었겠소? 본래의 자연에 조금의 인공을 더해 사람이 살기 좋게 만드는 게 무슨 문제가 된단 말이오? 또한 공은 일찍이 「문조물」에서 조물주를 부정하신 게 아니오? 그리하시고 어찌 하늘의 법칙 운운하시는 게요?”

그가 다시 이렇게 대답하였다.

“내가 이미 「사람들을 깨우쳐 주는 시(諷百詩)」에서 ‘하늘은 높이서 선악을 살펴, 거울처럼 미추를 갈라놓느니’ 했거늘, 어찌 조물주를 부정할 수 있겠소. 다만 사람들이 편리를 계속 추구하다 보면 자연의 질서가 무너

질 테니 이 점을 경계한 것뿐이라오."

앞의 글은 제가 이규보의 「문조물(問造物, 조물주에게 묻다)」을 비롯해 『동국이상국집(東國李相國集)』에 나오는 글들을 읽고 「문조물」의 형식을 빌려 그와 나눈 가상 대화입니다.

이규보는 1168년에 태어나 1241년까지 74년이라는 당시로는 꽤 긴 생애를 보냈습니다. 그가 살았던 12~13세기는 고려 무인정권 시대로, 당시 격변했던 사회 안에서 그는 기나긴 생애만큼 다양한 삶을 살았지요. 그는 9살 때 이미 시를 지을 줄 알았으며, 열네 살에 당시 사학의 명문인 문헌공도에 입학하여 공부하였고, 유·불·도의 3도를 두루 익혔습니다. 기억력이 뛰어나 한 번 보면 모두 기억하였다 합니다.

그는 재주는 출중했으나 시험 운도 없었고 관운도 늦게 열렸습니다. 당대 실력자인 최충헌과 최우 부자가 이규보가 쓴 시의 진가를 알아주면서 관운이 트였습니다. 40세에 최충헌의 시회에 참가해 1등을 하면서 벼슬을 다시 얻었고, 46세 때에는 최충헌을 찬양하는 시를 써 고위직에 임명되었으며 나중에는 문하시랑평장사[2]란 최고위 재상직에까지 올랐습니다.

그의 명성은 정치 활동이 아니라 후세에 남겨진 그의 저작에서 얻어진 것입니다. 세상을 떠난 해인 1241년에 『동국이상국집』이 간행되었고, 가전체(假傳體) 소설인 『국선생전(麴先生傳)』, 시평집 『백운소설(白雲小說)』 등은 고려 패관문학의 대표작으로 알려져 있습니다. 또한 젊은 시절에 쓴 「동

2 고려 시대 중서문하성(中書門下省)의 정2품 관직을 말합니다.

명왕편(東明王篇)」은 우리나라의 대표적인 건국 장편 서사시로 높게 평가받고 있습니다.

이 책은 『동국이상국집』 등에 나오는 2천 편이 넘는 수많은 시들 가운데 꽃과 나무, 나아가 과일과 채소를 읊은 시를 골라 소개하고 각각의 특성과 상징, 키우는 법 등에 대해 이야기하고 있습니다. 이를 통해서 우리는 800여 년 전 고려인들이 아끼고 즐겨 심었던 꽃과 나무들을 만날 수 있습니다. 또 각자가 가진 고유한 역사, 의미와 습성 등도 알게 됨으로써, 우리 주위에 흔히 볼 수 있는 꽃 한 송이, 나무 한 그루가 마치 '어린 왕자'가 길들였던 여우나 장미처럼 독자 여러분의 마음속에 특별한 의미를 지닌 존재로 자리 잡게 되기를 희망합니다.

차례

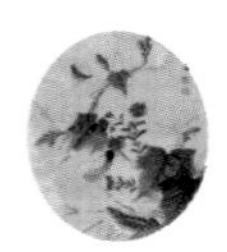

1 /

꽃,
오늘 밤은
꽃을 안고
주무세요

1

꽃

오늘 밤은 꽃을 안고 주무세요

당나라 시대에
모란꽃 백 송이 가격이
비단 25필 값

모란꽃 이슬 머금어 진주 같은데

미인이 꺾어 들고 창 앞을 지나다

미소 지으며 낭군에게 묻기를

꽃이 예쁜가요 제가 예쁜가요

낭군이 짐짓 장난 삼아

꽃이 당신보다 더 예쁘구려

미인은 그 말 듣고 토라져서

꽃을 밟아 뭉개며 말하기를

꽃이 저보다 더 예쁘시거든

오늘 밤은 꽃을 안고 주무세요

<모란도 십폭 병풍>[3], 조선 시대

신혼부부인 듯한 두 남녀의 모습이 참으로 밉지 않은 풍경을 자아냅니다. 신부가 창 앞을 스쳐 지나다 보니 모란꽃이 이슬을 함초롬히 머금은 채 피어 있는데 그 모습이 참 예쁩니다. 그래도 자신이 꽃보다 더 예쁠 거라 믿고 신랑에게 확인차 물어봅니다.

그랬더니 돌아온 대답이 "꽃이 더 예쁘다." 합니다. 물론 신랑의 장난기 어린 답변이지만 기대와 달라 서운한 마음에 신부는 불쑥 화를 냅니다. "그렇게 꽃이 예쁘고 사랑스러우면 오늘 밤은 꽃과 함께 주무세요!" 하는 가시 돋친 목소리가 배어나는 정경이 눈에 선하게 들어옵니다.

문일평(文一平[4], 1888~1939)은 『화하만필(花下漫筆)』에서 "고금을 통틀어 모란에 대한 음영(吟詠)이 많기로는 고려의 이규보가 제일일 것이니 그 문

3 모란 병풍은 조선 시대 왕실에서의 종묘제례, 가례, 제례 등의 주요 행사 때 사용됐습니다. 10폭에 이르는 대형 화면에 연속적으로 펼쳐진 모란은 화려하고 당당한 분위기를 보여 줍니다. 색색의 꽃과 무성한 잎의 모란이 다양한 모양의 괴석과 어우러졌습니다.

4 일제 강점기의 독립운동가이자 언론인, 민족주의 사학자로, 언론을 통한 역사의 대중화에 힘을 기울였습니다. 자연, 사적, 예술, 풍속 등 다양한 분야를 연구해 민중이 쉽게 지식에 접근할 수 있도록 했습니다.

집을 뒤져 보면 맨 모란 시뿐이로다. 그러나 그중에서도 가장 '로맨틱'한 것을 구하건대 「절화행(切花行)」이 아마 대표작이 될 줄로 믿는 바, 이것이 비록 모란을 직접으로 읊은 것은 아니나 모란을 꺾어 든 미인의 온갖 아양을 여실히 그려 낸 것이다."라고 하면서, 위의 시를 소개하고 있습니다.

이 시는 장지연(1864~1921)이 편집한 『대동시선(大東詩選)』 제1권에서는 작자를 이규보라 하고 제목을 「절화행」이라 하고 있으나 그의 문집인 『동국이상국집』에는 실려 있지 않습니다.[5]

『세설신어(世說新語)』 「용지」 편에는 중국 서진(西晉, 265~316) 때의 재미있는 고사가 실려 있습니다. 문학적 재능이 뛰어났던 반악(潘岳, 247~300)은 어려서부터 미모가 출중했습니다. 그가 비파를 들고 낙양을 거닐면 그의 수레에는 사방에서 부녀자들의 손길에서 날아온 과일로 가득 찼습니다. 그런데 당시 낙양의 지가(紙價)를 올렸다고 하는 그 유명한 「삼도부(三都賦)」의 저자 좌사(左思, 250~305)는 추남이었습니다. 그가 낙양의 거리에 나가면, 못생긴 외모를 놀리는 아이들이 기와 조각을 던져 수레에는 기왓장이 가득 찼다고 합니다. 아무튼 여인네들은 반악에게 사과를 던져서라도 사모의 정을 나타낸 것인데, 이 잘생긴 반악의 자(字)[6]가 단노(檀奴)였습니다. 그래서 그의 자 가운데 단을 따서 멋진 님이라는 뜻을 나타내는 단랑(檀郎)이라는 단어가 생겼고, '낭군(郎君)'이라는 단어는 여기에서 유래했습니다.[7]

---

5 이규보는 생전에 8천여 수의 시를 지었는데, 『동국이상국집』에는 2천여 수만 전해지고 있습니다. 한편, 이 시가 『전당시(全唐詩)』에 실려 있는 무명씨의 「보살만(菩薩蠻)」이라는 주장도 있습니다(기태완, 『꽃, 피어나다』).

6 남자가 성인이 되었을 때 부르는 이름을 말합니다.

7 일본에서는 檀那·旦那를 '단나(だんな)'라고 해 남편, 주인을 가리킵니다.

한 무더기 꽃 값이 열 집의 세금

모란(*Paeonia suffruticosa*), 일명 목단은 중국 북서부 지역이 원산지로 오늘날에는 우리나라를 비롯해 서양 각지에서도 널리 키웁니다. 줄기가 여러 갈래로 갈라지는 작은 나무로 높이가 1~2m 정도까지 자라며, 가지는 굵고 털이 없으며 잎은 어긋납니다. 3~5개의 작은 잎이 붙어 있는 겹잎이며 끝이 깊게 갈라집니다. 4~5월에 지름이 15㎝가 넘는 매우 탐스럽고 아름다운 꽃이 활짝 피어 일주일쯤 가는데, 꽃 모양과 색도 다양해서 홑꽃이 있는가 하면 겹꽃도 있고 붉은색, 자주색, 흰색, 노란색 꽃이 있습니다. 꽃이 핀 후에 열매가 자라서 가을에 성숙하는데 그 안에 굵고 검은색의 씨가 들어 있습니다. 모란 하면 중국인은 붉은색의 꽃을 으뜸으로 치는지, 중국 이름인 목단(牧丹)의 단(丹)은 '붉은 단'입니다. 목(牧)은 봄에 굵은 뿌리에서 싹이 불쑥불쑥 솟아난다고 해서 붙었습니다.

중국에서 가장 오래된 약학서인 『신농본초경(神農本草經)』에 모란의 뿌리와 껍질을 말린 단피(丹皮)라는 약재가 기록되어 있는 것에서 알 수 있듯이 옛날부터 약용식물로 이용했습니다. 그 후 수나라 때(6세기)에 그 아름다움이 드러나면서 재배식물로 재배하게 되었으며, 양제(재위 604~618)가 낙양에 화원을 건설했을 때 여러 종류의 모란 명품을 헌상했다고 합니다.

7세기에서 8세기 초, 당나라 때 모란의 재배와 관상이 성행하기 시작했습니다. 측천무후(재위 690~705)와 모란에 얽힌 이야기가 전해지고 있습니다. 그녀가 아들인 예종을 폐하고 즉위한 겨울 선달에 황궁 화원의 꽃을 구경하러 나섰는데, 겨울이라 수선이나 납매, 동백 등을 제외하면 꽃이 없었습니다. 그 이유가 꽃을 피우라는 황제의 명령이 없었기 때문이라는 공주의 말에 꽃을 피게 하라는 내용의 시를 짓게 했습니다. 그리고 이를 불살라 꽃의 신들에게 자신의 뜻을 알렸습니다. 다음 날 아침 공주가 사람을 보내 화원의 모습을 살피게 하니 꽃들이 피기 시작했다 합니다. 이 소식을 공주에게 전해 들은 측천은 대신들과 함께 화원으로 향했고 매화, 복숭아, 자두, 살구, 해당화, 작약, 장미 등 온갖 꽃들의 자태를 바라보며 신들마저 복종시킬 수 있는 자신의 위대함을 만끽했습니다. 그런데 모란만이 아직 꽃을 피우지 않았다는 보고가 들어오자, 자존심이 상한 측천은 모란이 꽃을 피울 때까지 불을 때라는 명령을 내렸습니다. 아무리 불을 때도 모란이 꽃을 피우지 않자 화원 안의 모란을 모두 뽑아서 낙양으로 추방했다고 합니다. 그 뒤 모란은 일명 낙양화(洛陽花)라 불렸고, 불에 타서 가지가 검게 그을린 모란의 자손을 초골모란(焦骨牡丹)이라 부르게 되었습니다.

이 이야기는 송나라 시대부터 알려진 듯한데, 모란이 꽃을 피우지 않자 불을 땠다는 이야기는 화톳불 등으로 꽃의 개화 시기를 앞당기는 당시의 원예기술이 각색되어 생겨난 것인지도 모릅니다.

그 뒤 양귀비(719~756)가 현종(재위 712~756)의 총애를 받던 때, 모란을 애호하는 풍조가 한층 더 심해져 문자 그대로 '모란이 아니면 꽃이 아니다'라는 느낌마저 들 정도였다고 합니다. 진귀한 꽃인 만큼 한 송이 값이 수천에서 수만 금 하는 일도 있어 명화(名花)로 불리는 모란이 얼마나 비쌌는지, 백거이(白居易, 772~846)는 「매화(買花)」라는 시에서 "한 무더기 아름다운 모란꽃 값이 웬만한 살림 열 집의 세금"이라 읊기도 했습니다. 또 아름답고 붉은 꽃 백 송이가 비단 25필 값이었다고 합니다. 그만큼 귀한 꽃이었습니다.

궁중에도 가지 하나에 봉오리가 두 개 열리고, 꽃 색깔이 하루에 세 번

<모란도 병풍>, 19~20세기 초

변하는 진귀한 모란이 있었습니다. 그 꽃 아래에서 현종이 양귀비와 신하들을 데리고 잔치를 베풀다가 이태백(701~762)에게 정경을 읊게 하였는데, 이때 지은 『청평조사(淸平調詞)』 삼수는 모두 양귀비의 농염한 미모를 아름답게 활짝 핀 모란에 비교한 시였습니다

우리나라에서 모란과 관련하여 가장 오래되고 유명한 이야기는 선덕여왕의 일화입니다. 중국에서 사랑받던 모란은 신라 진평왕(재위 579~632) 때 우리나라에 들어왔습니다. 대부분의 식물이 언제 들어왔는지 명확하지 않으나 모란은 『삼국사기』와 『삼국유사』에 기록으로 확실히 남아 있습니다.

여기에는 모란이 우리나라로 처음 들어올 당시의 일화가 실려 있습니다. 632년, 당나라 태종이 붉은색·자주색·흰색의 모란꽃 그림과 씨앗

석 되를 보내왔습니다. 그런데 나중에 선덕여왕이 되는 덕만공주가 그림의 꽃을 보더니 "이 꽃은 아름다우나 나비가 그려져 있지 않으니 분명 향기가 없을 것이다."라고 말하며 씨를 심도록 했고, 나중에 꽃을 피워 보니 과연 그 말과 같았다 합니다. 그러나 벌과 나비가 모란꽃에 날아들지 않는 이유는 사실 향기가 없어서가 아니라 꽃에 꿀이 많지 않은 때문입니다. 꽃이 귀할 때는 꿀벌 등이 이 꽃을 찾습니다. 당나라 때 100여 종류의 모란을 재배하였다고 하니 그 가운데 향기가 없는 꽃이 혹시 있었을지도 모를 일입니다.

또 『삼국사기』 제46권 설총(薛聰, 655~730)전에도 꽃 중의 왕인 모란과 장미, 할미꽃에 대한 이야기가 나옵니다. 이를 '설총의 화왕계(花王戒)'라고도 하는데, 화왕인 모란이 외모가 아름다운 장미와 덕망이 높은 할미꽃 중 누구를 곁에 둘 것인가 고민하는 은유적인 내용입니다. 이야기를 들은 신문왕(神文王, 재위 681~692)은 이를 후세의 임금들이 덕목으로 삼도록 글로 만들게 하고, 설총의 관직을 올려 주며 더욱 총애했다고 합니다. 문일평은 『화하만필』에서 "아무리 우연이라 해도 일찍 선덕여왕의 명민을 나타내던 모란이 또다시 설총의 풍자 대상이 되어 신문왕을 돕게 되니, 모란과 신라 왕실과는 어쩌면 저렇듯이 깊은 인연을 가졌을까?"라고 했습니다.

꽃 중의 꽃, 모란

모란은 고려로 넘어오면서 미인을 상징하고 부귀영화를 염원하는 꽃으로 상류 사회를 중심으로 더욱 사랑받으며 다양한 품종으로 개발되었습니다. 기록으로 볼 때 고려인들은 특히 꽃이 화려한 모란, 작약, 연 등을 즐겨 심었는데, 이 중 궁궐 화원에 심긴 대표적 화훼류를 꼽으라면 단연 모란일 것입니다. 모란은 색이 화사하고 꽃잎도 여러 장으로 풍성한 데다 꽃도 큼직해서 풍요롭고 화려한 느낌을 주는 관목입니다. 햇빛을 좋아하고 물 빠짐이 좋은 곳에서 잘 자라므로 궁궐 안 햇빛이 잘 드는 곳 어디서든 잘 자랐을 것입니다.

고려 임금들의 모란 애호 또한 중국에 뒤지지 않아서, 예종(재위 1105~1122)은 모란을 아껴 늘 신하들과 함께 이 꽃을 읊었습니다. 이규보는 모란을 무척 사랑하여 그의 문집에는 모란에 관한 시가 매우 많아 '모란시인'이라 부를 정도입니다. 또 국보 98호인 12세기의 청자 상감모란문 항아리를 비롯해 수많은 고려청자 상감과 여러 생활 도구의 꽃무늬에는 대부분 모란이 자리 잡았습니다.

국보 제98호, 〈청자 상감모란문 항아리(青磁 象嵌牡丹文 壺)〉, 고려 시대

이런 취향은 조선 초기에도 어느 정도 이어져 예를 들어 태종 12년(1412년)의 기사에는 "광연루(廣延樓)에서 모란을 감상했다."라는 내용이 등장합니다. 조선 시대에 들어와 모란은 관심 그룹이 서민층으로 확대된 대신 지배 계층을 대표하는 조경 식물의 지위를 잃어 갔습니다. 부귀영화를 상징해 민화나 생활용품에도 자주 등장하지만, 고려 때는 중국에서 들여온 귀한 식물이었으나 점차 우리나라 땅에서도 비교적 쉽게 접하고 배양할 수 있게 되었기 때문일 것입니다. 또 성리학의 영향으로 지배층의 취향이 모란과 같이 화려한 식물에서 소박하고 담박한 식물로 바뀐 것도 한 이유일 것이라 여겨집니다.

꽃 중의 왕이라는 모란은 그 위용과 풍성하고 아름다운 모습이 단연 백화(百花)의 왕다운 면모를 지니고 있으며, 화왕과 목단 외에도 많은 다른 이름을 가지고 있습니다. 목작약(木芍藥), 백량금(百兩金), 곡우화(穀雨花), 낙양화(洛陽花), 부귀화(富貴花) 등이 그것입니다.

목작약은 모란을 작약 꽃에 비유한 것으로 당나라 때 불린 이름인데, 모란과 작약은 그 꽃이 매우 비슷하지만 생태가 매우 다릅니다. 모란은 목본인 반면 작약은 여러해살이 초본으로 겨울에는 뿌리만 살아 있고 지상의 줄기가 풀처럼 완전히 시들어 버리며 꽃도 모란보다 조금 뒤에 피어납니다.

『본초강목(本草綱目, 1596)』에 따르면 중국에서 작약은 모란보다 먼저 재배했지만 꽃은 모란을 제일(第一)로, 작약을 제이(第二)로 취급하여 작약을 '화상(花相)', 즉 '꽃의 재상'이라 불렀습니다. 백량금은 모란이 백량만큼 귀하다는 뜻이고 부귀화도 이 나무가 부귀를 가져다준다는 뜻입니다. 곡우화라고도 불리는 이유는 이 나무가 곡우 무렵에 꽃을 피우기 때문입니다.

〈모란도〉 8첩 병풍 중 가운데 4폭, 19세기

향기로운 이슬 소야거[8]를 적시며
한 꽃가지가 가볍게 흔들리며 새벽바람에 비껴 있네
금원의 복사꽃 오얏꽃은 모두 무색한데
홀로 궁중의 해어화를 대적한다네
– 이규보, 「목작약(木芍藥)」

이백(李白, 701~762)은, 당 현종때에 목작약을 좋아하기 시작하여 침향정(沈香亭) 앞에 심고 꽃이 만발하자 임금이 소야거를 타고 양귀비는 가마로 뒤를 따라 구경했다 하였습니다. 위 시에 나오는 해어화는 현종이 양귀

8 炤夜車, 임금이 타던 수레입니다.

비를 가리켜 '말할 줄 아는 꽃(解語花)'이라 한 데서 기원합니다.

또 송나라의 주돈이(1017~1073)는 「애련설(愛蓮說)」 가운데에서 "국화는 꽃 중의 은자이고, 모란은 꽃 중의 부귀한 자이며, 연꽃은 꽃 중의 군자"라고 표현했습니다.

모란은 화려하고 고귀한 꽃으로 인해 부귀영화 등의 이미지를 갖게 되었습니다. 그래서 동양화나 민화에서 모란꽃은 부귀를 나타냅니다. 모란꽃에 목련(木蓮, 玉蘭花)과 해당화가 곁들여 있다면, 모란꽃의 부귀, 목련의 옥, 해당화의 당을 합쳐 부귀옥당(富貴玉堂, 귀댁에 부귀가 깃들기를…)이 된다고 합니다.

모란 심고 키우기

모란은 우리나라에서도 매우 오래전부터 궁궐과 민가의 고급 정원에 관상용으로 심어 왔으며, 농가에서는 약용으로 재배해 왔습니다. 한국식 정원에 어울리는 나무로 화단에 일렬로 심는 것보다는 정원 한쪽에 서너 그루를 집단으로 심는 것이 더 좋습니다.

모란은 추위에 강한 나무입니다. 그러나 햇빛을 좋아하는 양지 식물이므로 볕 들기와 배수가 좋고 모래가 섞인 가벼운 흙을 좋아합니다. 점토질 토양이나 물이 고이는 곳에 심으면 뿌리가 부패해서 죽고 맙니다.

시판되는 묘목에는 모란 대목에 접목한 것과 작약 뿌리에 모란을 접목한 것이 있는데, 화단 심기의 경우는 모란을 대목으로 한 것이 생육도 좋고 수명도 깁니다. 작약 대목은 분 심기용입니다.

이식 적기는 9월 하순~10월 하순까지로 이때는 제법 큰 나무라도 쉽게 이식할 수 있습니다. 땅의 온도가 20℃ 이하가 되면 뿌리가 발육하기 시작하지만, 11월 이후에 식재하면 잔뿌리가 잘 내리지 않아 실패할 확률이 높습니다. 봄에 이식을 할 경우 활착이 불량하고, 꽃을 보기 힘들게 됩니다. 가을과 이른 봄, 개화 후에는 뿌리 주위에 완효성 복합비료를 줍니다. 다량의 비료를 필요로 하는 나무이므로 비료 성분이 끊기지 않도록 주의합니다. 봄에 꽃봉오리가 나오면 버팀목을 세워서 줄기에 동여매고 꽃의 무게로 줄기가 구부러지지 않도록 해 줍니다. 여름에는 흙이 마르지 않도록 짚을 깔아 주고 물 주기도 잊지 않도록 합니다.

모란은 2년생 가지의 끝눈에서 개화합니다. 따라서 휴면 중에 전정하면 꽃눈을 완전히 없애게 되므로 꽃이 진 직후에 전정을 합니다. 모란의 꽃눈 분화 시기는 8월 중순에서 하순이며, 꽃은 그다음 해 4~5월에 핍니다. 휴면 중에 전정을 할 때는 지나치게 우거진 가지를 적당히 솎는 정도로만 합니다. 심은 후 그대로 두었다가 꽃이 지고 나면 꽃 바로 아랫부분을 잘라 줍니다. 모란은 숨은 눈에서도 꽃이 잘 피는 나무이므로 마디나 눈을 고려하지 않고 무조건 낮은 위치에서 잘라 줍니다. 그다지 키도 커지지 않고 꽃 피기도 좋기 때문에 가정에서 많이 이용하는 전정법입니다.

번식법은 실생법, 포기 나누기, 접목, 삽목 등이 있으나 약용으로 재배할 때는 실생 또는 포기 나누기 방법이 좋습니다. 실생 번식 시 종자는 꼬투리가 튀기 시작할 때 채취하여 바로 파종하고, 포기 나누기는 9월 하순에서 10월 중순 사이에 하면 됩니다. 관상용은 모란이나 작약뿌리에 접목으로 하는데 그 시기는 9월 상순에서 하순이 좋습니다.

향기롭고 고우며
추위를 견뎌
더욱 사랑스러운 국화

춘삼월이라 봄바람에 곱게 핀 온갖 꽃이

가을 한 떨기 국화만 못하구나

향기롭고 고우면서 추위를 견디니 더욱 사랑스럽고

더더욱 말없이 술잔 속에 들어오니 정다웁네

서리를 견디니 더욱 봄꽃보다 뛰어나

삼추를 지나고도 가지에서 떠날 줄 모르네

꽃 중에서 오직 너만이 굳은 절개 지키니

함부로 꺾어서 술자리에 보내지 마오

국화과의 여러해살이풀인 국화(*Chrysanthemum morifolium*)의 원산지는 중국입니다. 꽃이 적은 가을에, 특히 서리가 내린 뒤에도 꽃이 피므로 매화, 난초, 대나무와 함께 '사군자'로 불리며 수많은 시인과 묵객의 작품 소재가 되어 왔습니다. 중국에서는 전국 시대(戰國時代, B.C. 403~B.C. 221)에 쓰인 『산해경(山海經)』이나 『예기(禮記)』 등에 국화에 대한 기록이 보입니다. 굴원(屈原, B.C. 343~B.C. 278)도 「이소(離騷)」 등에서 국화를 자신의 충절을 상징하는 향초로 노래하고 있어, 고대 중국인들의 문화 속에 이미 국화가 깊숙이 자리 잡고 있었음을 알게 합니다.

우리나라에서는 고려 인종(재위 1122~1146) 때의 문신 임춘(林椿)이 시에서 국화의 별칭으로 쓰이는 황화의 꽃핀 모습을 언급하고 있는 것이나, 의종(재위 1146~1170) 때 왕궁의 뜰에 국화를 심어 감상했다는 『고려사』의 기록으로 미루어 그 이전부터 재배되고 있음이 분명합니다. 문일평은 『화하만필』에서 국화가 우리나라에 전래된 연대는 알 수 없으나, 일본 쪽의 기록인 『화한삼재도회(和漢三才圖會, 1712)』를 인용해 삼국 시대에 벌써 관상용으로 여러 가지 변종을 애식하던 것은 백제가 385년에 일본에 보낸 청·황·적·백·흑 5색의 국화에 의하여 짐작할 수 있다고 했습니다. 또 그는 우리나라의 원예종 국화는 고려 충선왕이 원나라로부터 가져온 것이라고 하지만, 송나라 때의 전원시인인 범성대(范成大, 1126~1193)에 의하면 원나라의 좋은 품종이 우리나라에 들어오기 훨씬 전에 신라 국화와 고려 국화가 중국으로 건너가 사랑을 받았다고도 했습니다.

조선 전기 강희안(姜希顔, 1417~1464)의 『양화소록(養花小錄)』[9]에 나오는 「화목구품(花木九品)」이나 조선 후기 유박(柳璞, 1730~1787)이 편찬한 『화암수록

9 『양화소록』은 중국의 역대 문헌에 보이는 원예 지식과 15세기 조선의 원예 기술을 집대성한 원예의 고전입니다.

(花菴隨錄)』[10]의 「화목구등품제(花木九等品第)」를 보면 국화는 소나무, 매화, 대나무, 연꽃 등과 함께 최고 등급인 1품과 1등으로 나옵니다. 그리고 『화암수록』의 「화목 28우」에서는 국화를 일우(逸友), 즉 세속을 벗어나 은둔하는 친구라 표현하고 있습니다. 서릿발 추위 앞에서 만물이 움츠러드는 늦가을에 홀로 당당히 피어나는 국화의 모습이 군자 가운데 도연명처럼 고결하면서도 은둔하는 선비의 이미지로 보이기 때문입니다.

신명연[11], 〈국화〉, 조선 후기

10 『화암수록』은 강희안의 『양화소록』과 함께 우리나라 원예문화사에서 특기할 만한 저작입니다.

11 신명연(1808~1886)은 조선 후기의 대표적인 화가입니다. 무관이었지만 시와 글, 그림에 재능이 있었고 산수, 화훼, 묵죽 등을 즐겨 그렸습니다.

많은 시인들과 묵객들이 국화를 두고 시를 지었습니다. 서릿발 속에서도 굽히지 않고 꽃을 피우는 국화를 '오상고절(傲霜孤節)'이라 하여, 절개의 상징이자 은자와 군자의 상징이라 칭송했습니다.

먼저, 종회(鍾會, 225~264)라는 이는『국화부(菊花賦)』란 글에서 국화의 다섯 가지 미덕을 다음과 같이 표현했습니다. "국화는 다섯 가지 아름다움을 가지고 있으니, 동그란 꽃송이 높다랗게 달려 있음은 천극(天極) 즉 하늘을 본뜸이고, 잡색이 섞이지 않은 순수한 황색은 땅의 빛깔이요, 일찍 심어 늦게 핌은 군자의 덕이며, 서리를 이겨 꽃을 피움은 강직한 기상이요, 술잔에 동동 떠 있음은 신선의 음식이다."

묵객들 사이에서 붐을 일으키다

국화가 시인 묵객들 사이에서 이른바 '붐'을 일으키게 된 것은 진(晉)나라의 시인 도연명(365~427)부터입니다. "채국동리하(採菊東籬下) 유연견남산(悠然見南山)" 즉, 동쪽 울타리 아래에서 국화를 따다가 한가롭게 남산을 바라보네.

일찍이 「귀거래사」를 짓고 속세를 떠났던 도연명은 은자의 대표로서 국화를 몹시 사랑하여 많은 시편에서 노래하였고 국화의 영원한 주인이 되었습니다. 이 구절에서 유래하여 동쪽 울타리(東籬)는 국화의 대칭으로 쓰이기도 합니다. 아무튼 도연명은 국화의 주인으로 받들어지며 동아시아 전역에 많은 추종자들을 거느렸습니다. 동아시아 지식인들은 고단한 현실과 마주칠 때면 도연명의 시와 그의 「귀거래사」를 읽으며 마음의 위안을 찾았습니다.

봄기운 빌리지 않고 가을빛에 의지하여
찬 꽃을 피워 내니 서리도 두렵지 않네
술이 있으면 누가 너를 저버리겠는가
도연명만이 홀로 너의 향기를 사랑했다고 말하지 마라

「국화를 읊다(詠菊)」라는 시에서 보듯 이규보도 도연명의 열렬한 추종자로서 스스로 도연명의 무리라고 여기는 자부심이 대단하였습니다.

또, 『화암수록』을 지은 유박은 어떤 사람의 집에 기이한 화훼가 있다는 말을 들으면 천금을 주고서라도 반드시 구하는 열성을 보였는데, 그는 국화에 대해 다음과 같이 읊었습니다.

부슬부슬 구일에 비 내리더니
동쪽 울에 국화가 많이 피었네
도연명이 살던 집과 비슷도 하여
바람서리 꽃잎을 침범 못하리

인고와 절개를 보여 주는 꽃

국화는 군자, 은자를 상징합니다. 뭇 꽃들이 다투어 피는 봄이나 여름을 피하여 황량한 늦가을에 국화는 고고하게 피어납니다. 옛사람들은 늦가을 찬바람이 몰아치는 벌판에서 외롭게 피어난 그 모습을 보고 이 세상의 모든 영화를 버리고 자연 속에 숨어 사는 은사의 풍모를 느꼈던 것입니다. 중국 역사상 가장 전형적인 은사로는 앞에 소개한 도연명을 꼽습니다.

국화는 온갖 꽃이 만발하는 봄여름을 마다하고 서리가 내리고 찬바람이 부는 늦가을에 고고하게 피어나기 때문에 인고(忍苦)와 절개를 보여 주는 꽃입니다. 또한 국화는 예로부터 불로장수를 상징하였습니다. 옛사람들은 단순히 국화의 은일미(隱逸美)만을 사랑한 것이 아니라 식용하여 불로장수하는 데 더 많은 관심을 가지기도 했습니다.

이인로(1152~1220)는 『파한집(破閑集)』에서 모름지기 노란색이 국화의 정색(正色)이니, 오색 중 가장 귀한 색이 국화 색이고, 모든 꽃이 진 뒤에 홀로 존귀함을 자랑한다며 국화의 색깔과 생리를 설명했습니다.[12]

다산 정약용(1762~1836) 또한 국화를 좋아했습니다. 다산이 국화를 좋아한 이유는 오래도록 견디며 늦게 피어나는 꽃으로 향기로울 뿐만 아니라 고우면서도 화려하지 않고 깨끗하면서도 싸늘하지 않기 때문이라고 합니다. 다산은 자신이 좋아하는 국화를 촛불 앞에 두고 국화 그림자 보기를 즐겼습니다. 밤이 되면 옷걸이, 책상 등 산만한 물건들을 치우고 촛불을 비추기 적당한 곳에 국화를 두어 벽에 국화가 일렁이는 모습을 감상했습니다. 유배지에서 아들에게 보낸 편지에, "너희들이 국화를 심었다고 들었는데 국화 한 이랑은 가난한 선비의 몇 달간 식량이 충분히 될 수 있으니 한낱 꽃구경뿐만이 아니다."고 적을 정도였으니 국화 값도 만만치 않았던 것 같습니다.

강희안의 『양화소록』에는 우리나라 국화의 품종 수가 20개 정도로 나오고 있지만 유박의 『화암수록』에는 그 수를 황색이 54개, 흰색이 32개,

12 동서남북과 중앙을 합해 오방(五方)이라고 하고, 중앙을 기준 삼아 청은 동쪽, 백은 서쪽, 적은 남쪽, 흑은 북쪽을 뜻합니다. 여기에 중앙을 뜻하는 황색을 포함시켜 오방색(五方色)이라 부릅니다. 황색을 으뜸으로 여기는 것은 중앙을 뜻하는 데에서 유래합니다.

붉은색이 41개, 자주색이 27개가 된다고 하였을 정도로 원예 품종이 많이 개발되었음을 알 수 있습니다.

백제로부터 국화를 받아들인 일본 사람들은 섬세한 기술과 사랑으로 수많은 변종을 만들어 냈으며, 메이지 시대 초기인 1869년에는 국화를 왕실의 문장(紋章)으로 정하기까지 했습니다. 그리고 흰 바탕에 동그라미가 가운데에 그려져 있고 사방으로 열여섯 개의 붉은 줄이 퍼져 나가는 욱일기(旭日旗)는 많은 사람들이 알고 있는 것처럼 일출(日出)을 그린 것이 아니라 열여섯 장의 꽃잎(花瓣)을 나타낸 것입니다.

이우[13], 〈국화도〉, 조선 중기

13 신사임당의 넷째 아들인 옥산 이우(李瑀, 1542~1609)가 그렸습니다. 조선 중기 그림으로는 남아 있는 예가 드문 국화 그림입니다.

국화 심고 키우기

한국을 비롯한 동양에는 국화의 품종이 많이 야생하고 있습니다. 오늘날의 국화는 이것들을 기초로 해서 가꾸어진 것으로 재배의 역사가 오래된 초화입니다. 이와 같은 동양의 국화를 동양국화라고 하며 동양국화가 외국에 가서 품종 개량이 된 것을 서양국화라고 합니다. 국화는 10~11월, 분재배로 해서 관상하거나 연중 절화로써 많이 이용되는 세계에서 가장 인기가 높은 꽃입니다.

국화는 대부분 동쪽 울타리나 담장 아래에 심었는데, 이는 가을날 동쪽 담장 아래서 서쪽을 바라보며 오후 늦게까지 햇빛 받기를 좋아하는 국화의 특성 때문인 것으로 전합니다. 조선 시대 실학자인 박세당(1629~1703)은 『색경(穡經)』에서 "국화를 가꾸려면 기름진 땅을 택하여 겨울에 깨끗한 거름을 흠뻑 적셔 준다. 얼었다가 마르거든 푸석푸석한 흙을 가져다가 다시 뿌리고 또 집 안에 갈무리를 하여 둔다. 춘분이 지나면 꺼내어 말린다. 날마다 여러 차례 뒤적거려 주고 또 벌레와 개미 및 잡초들을 없앤다. 이를 없애지 않으면 해가 된다. 흙도 깨끗해야 한다."고 기술하였습니다.

월동한 국화는 3월 상순에 새싹이 터서 5월 상순에는 30㎝ 정도로 자랍니다. 이 시기에 마디 사이가 짧은 충실한 줄기를 골라서 눈꽂이를 합니다. 5월 하순에는 발근한 국화모가 되므로 분에 옮겨 심습니다. 7월 중순 곁눈이 12~13㎝로 자랐을 무렵, 이때까지 생긴 곁눈 중에서 발육이 잘된 것을 3방향으로 나머지 눈은 따 버려서 대체적인 모양을 만들어 둡니다. 3대의 줄기는 바르게 3방향으로 펴서 자라남에 따라서 지주에 묶어 줍니다. 3대의 가지에서 곁눈이 왕성하게 나오므로 일찍 따 줍니다. 국화는 단일성 식물이므로 9~10월에 꽃이 핍니다. 낮이 짧아지고 밤이 길어지는 계절이 되어, 즉 해나는 시간이 13시간 이하가 되고, 기온이 15℃ 이상이 되어야 꽃눈이 돋습니다.

국화는 꺾꽂이, 포기 나누기 같은 방법으로 늘리는 것이 제일 쉽습니다. 봄에 국화 눈끝을 5~6㎝ 길이로 잘라 마르지 않게 모래와 물을 넣은 그릇에 꽂아 둡니다. 20일 정도 있다가 뿌리가 내린 것을 확인하고 화분이나 뜰에 옮겨 심습니다. 이때 뜨거운 햇볕을 받아 약해지지 않도록 얼마 동안 그늘을 만들어 주는 것이 좋습니다. 포기 나누기는 역시 봄에 하는 것이 좋습니다. 가을 국화의 경우, 봄에 자라 키가 크고 꽃눈이 돋을 즈음에 밑의 잎이 시드는 경우가 많습니다. 낮은 키로 꽃을 피게 하려면 성장하는 도중에 중간을 자르면 거기서 눈이 뻗어 옆으로 퍼집니다.

가을이 깊어지면 산과 들에는 수많은 들국화가 피어납니다. 들국화는 한 품종을 지칭하는 것이 아니라 국화과의 여러 꽃들을 총칭하는 말이며, 감국, 산국, 구절초, 쑥부쟁이, 참취 등을 들 수 있습니다. 감국과 산국은 모두 노란색인데 감국이 산국보다 꽃의 크기가 조금 더 클 뿐 거의 비슷합니다. 옛사람들이 노란 국화를 국화의 정색이라고 하여 '황화'라고 중시하였는데 바로 이들 품종이 아니었나 여겨집니다. 구절초는 들국화 가운데 가장 꽃이 크고 화려합니다. 흰색과 연분홍색을 비롯하여 선홍색 등 여러 변종이 있습니다. 쑥부쟁이는 꽃이 연보라색인데 여름부터 가을까지 무리 지어 피어납니다. 이 역시 몇몇 변종이 있습니다. 참취는 우리가 봄에 나물로 먹는 바로 그 취나물인데, 작고 하얀 꽃들이 올망졸망 무리 지어 피어 또 하나의 아름다운 들국화로서 손색이 없습니다.

국화는 꽃만 감상하는 것이 아니라 봄에는 갓 돋아나는 어린 싹을 먹고 여름에는 잎을 먹고 가을에는 꽃을 먹고 겨울에는 뿌리를 먹는다 하였습니다. 또, 얼마 전까지 우리네 연중행사의 하나이던 화전(花煎)놀이는 봄에는 진달래로써, 가을에는 국화로써 하였다 합니다.

한방에서는 국화가 소풍청열(疎風淸熱) 작용이 있으며 간을 보하며 눈을 밝게 하고 부기를 가라앉히며, 심혈관 기능을 조절하고 노화를 예방하는 장수 식품으로 효과가 있다고 합니다.

클로드 모네, 〈Bed of Chrysanthemums〉, 1897

동전을 닮은 꽃,
금불초

황금으로 둥근 돈 만들어 이 꽃을 피웠으니

하늘의 조화 어이 이리 훌륭한가

네 이름 가난한 내 집에 맞지 않으니

어서 부귀한 집으로 가거라

금전화는 국화과의 다년생 초본식물로 초여름부터 가을까지 양지바른 들이나 산기슭이면 어디서나 잘 자라는 꽃입니다. 금전화란 이름은 글자 그대로 꽃의 작고 동그란 모양이 동전을 닮았다고 해서 붙여진 이름입니다. 그런데 지금 우리나라에서는 이 꽃을 '금불초'라 부릅니다. 금불초란 이름은 우리나라나 중국의 옛 문헌에서는 보이지 않는 명칭입니다.

금전화는 고려 때부터 이미 시인 묵객들이 관심을 두고 노래한 중요한 꽃이었습니다. 「문장로의 시 '피지 않는 금전화'에 차운하다」란 시는 이규보가 돈으로 웃음을 사려 했던 고사를 인용해 쉽사리 꽃을 피우지 않는 금전화에 대해 아쉬움을 나타내고 있습니다.

초여름 옮겨 심고 마음 써서 가꾸었는데
누가 오면 피려고 아직 예쁜 입술 오므리고 있는가
천금으로 활짝 핀 웃음 사려 해도
돈 많다 자부하고 돌아보려 않는구나

이 금전화는 천지라는 용광로에 음양을 숯으로 삼아 피운 꽃입니다. 모양은 동전처럼 생겼지만 돈이 아니라서 세금도 낼 수 없고 술 한잔 살 수 없는 게 아쉬울 따름입니다. 조선 시대 서거정(1420~1488)은 「금전화행(金錢花行)」에서 이를 안타까워하고 있습니다.

금전화라 불리우는 꽃이 있으니
형체와 바탕도 금전 그대로일세
천지의 화로에 음양으로 숯을 삼아서
낱낱이 동글동글하게 주조해 내었네
예로부터 금전은 부잣집이 갖는 건데
어찌하여 이 좁은 골목 어귀에 났느뇨
한 푼도 관아의 조세에 충당할 수 없고
한 푼도 저자의 술을 살 수도 없네 그려
예부터 헛된 이름이 그르친 게 실로 많은데

헛된 이름이 또한 금전화에까지 미쳤구나

금전화여 금전화여 너를 어찌한단 말이냐

금전화란 이름에 대해 문일평은 "수선화(水仙花)는 과연 그 실물과 같이 이름이 아름답고 옥잠화(玉簪花)도 오히려 꽃과 같이 이름이 그럴듯하지만 다만 금전화(金錢花)에 이르러서는 비록 꽃 모양을 따라 이름을 지었다고 하나 아주 속되다."고 하면서, 여름부터 가을까지 계속해 피며 푸른 잎과 부드러운 줄기에 핀 돈 모양 같은 황색꽃이 아주 아름답다고 했습니다. 또 이 꽃의 특징이 아름다운 데만 있지 않고 이른바 '일개야락(日開夜落)', 낮에 피었다가 밤에 지게 됨으로써 자오화(子午花)라는 별호가 있다고 설명하고 있습니다.

금전화의 다른 이름으로는 선복화(旋覆花), 금복화(金複花), 금불화(金佛花), 하국(夏菊)이 있습니다. 노란색이 너무 선명해 얻은 이름인 '금불초'는 '금으로 된 부처님'이라는 의미입니다. 어린순을 나물로 식용하며 꽃을 말린 것은 선복화라 해서 한방에서는 거담, 건위제로 사용합니다.

금불초 심고 키우기

금불초(*Inula britannica var.* chinensis Regel)는 논두렁이나 강가의 언덕 등 습기가 있는 곳에서 자생하는 여러해살이 식물이며 키는 30~60㎝이고, 줄기 끝이 나누어져서 그 끝에 밝고 선명한 노란색의 두상화[14]가 7~9월에 핍

14 頭狀花, 꽃대 끝에 많은 꽃이 엉겨 붙어서 피는 꽃입니다.

니다. 꽃의 지름은 3~4㎝, 잎은 어긋나며 잎자루가 없습니다. 장타원형으로 잎가에 톱니가 있고, 땅속줄기가 뻗어 자랍니다.

내한성과 내건성이 강한 단일성 식물이며, 내건성 역시 강한 편이어서 30℃ 이상의 고온에서도 정상적으로 자라고 꽃이 핍니다. 따라서 여름이 고온다습한 한국 기후에 가장 적합한 여름 화초입니다.

햇빛이 잘 드는 곳이라면 흙을 가리지 않고 어디에서나 잘 자라지만 되도록이면 물기가 많은 습한 땅에 심습니다. 첫해에 한두 포기를 심고 잡초만 잘 뽑아 주면 이듬해부터는 주변이 온통 금불초로 뒤덮일 정도로 잘 퍼집니다. 번식은 포기 나누기와 파종, 삽목이며 봄, 가을에 묵은 포기를 옮겨 심거나, 가을에 씨를 받아 두었다가 봄에 뿌립니다. 발아 적온은 20℃이며, 발아 소요 일수는 4주인데, 미립 종자이므로 복토하지 않습니다. 흙이 마르지 않도록 물을 주고 싹이 트면 벤 곳을 솎아 낸 다음 가을에 옮겨 심습니다. 삽목은 4~5월에 새로 자란 새순을 모래에 꽂아 4주면 발근하는 것을 볼 수 있습니다.

금불초의 용도는 관상용(화단, 절화, 분화), 식용(어린잎), 꽃은 약용으로 이뇨와 건위 및 구토 진정에 쓰입니다.

유사종으로 버들금불초, 가는금불초, 가지금불초가 있습니다. 버들금불초의 개화기는 6~8월로 전국 각지에 분포하며 들판의 풀밭이나 논두렁 등에서 납니다. 높이 60~80㎝이며 털이 있고 윗부분에서 가지가 갈라지며, 여름부터 가을에 걸쳐 산뜻한 노랑꽃이 줄기 끝에 서너 송이 핍니다. 가는금불초는 잎은 선형에 꽃폭이 1.8~2.5㎝이며, 가지금불초는 높이 초장 1m로 가지가 많이 갈라집니다.

눈 속에 피는 꽃
동백

복숭아와 오얏 꽃은 고우나

허튼 꽃이므로 믿기 어렵고

솔과 잣나무는 아리땁지 못하나

귀할 손 추위를 이겨 내도다

동백나무는 고운 꽃이 피며

눈 속에서도 견뎌 내거니

어찌 잣나무 따위에 비길거나

동백이란 그 이름 옳지 않도다

이규보가 「동백꽃(冬柏花)」을 노래한 시입니다. 복사꽃과 오얏꽃(자두꽃)

은 화려하지만 잠깐 피었다가 져 버리므로 믿을 수 있는 절조가 없고, 소나무와 잣나무는 추위를 이기는 굳은 마음은 있으나 고운 안색이 없고 동백꽃은 아리따운 안색에 절개까지 겸했다는 것입니다. 이렇듯 겨울에 꽃까지 피는 동백이 송백보다 뛰어나므로 동백이란 이름이 옳지 않다는 뜻입니다.

차나무과의 상록 활엽 소교목인 동백(*Camellia japonica* L.)은 우리나라와 중국, 일본 등지에 분포합니다. 우리나라 난대림의 대표적인 수종으로 제주도를 비롯한 남해안 일대에서 많이 자라며, 동해안의 울릉도와 서해안의 대청도까지 해안을 따라 분포되어 있습니다.

원래 동백나무는 키가 10m 이상 성장하는 교목이지만 우리나라에서는 잔가지가 많이 발생하는 키 작은 관목 형태가 많습니다. 줄기는 회백색으로 밑에서 가지가 갈라지며, 잎은 어긋나는데 잎 표면은 짙은 녹색이고 광택이 나며 뒷면은 황록색입니다. 잎의 모양은 타원형으로 물결 모양의 잔톱니가 있습니다. 꽃은 눈이 채 녹지 않은 이른 봄 가지 끝에 1개씩 달리고 거의 붉은색입니다. 꽃잎은 5~7개로 밑 부분이 합쳐져서 비스듬히 퍼지고, 수술은 많으며 꽃잎에 붙어 있어서 꽃이 질 때 함께 떨어집니다. 동백꽃은 동박새에 의해 꽃가루받이가 이루어지는 조매화(鳥媒花)입니다.

동백을 재배하고 감상한 것은 당나라까지 거슬러 올라가는데 당나라 말기의 한 시인은 동백의 풍류와 운취가 모란보다 낫다며 예찬했습니다. 이처럼 중국 사람들이 동백을 사랑하는 이유는 꽃이 아름답기도 하거니와, 잎이 사계절 푸르고 꽃이 피는 기간도 가을에서 봄까지 길고, 꽃이 드문 계절에 고운 꽃을 피우기 때문입니다.

명나라 때의 『산다백운시(山茶百韻詩)』에서는 열 가지 이유를 들어 동백을 칭찬하고 있습니다. "첫째, 고우면서도 요염하지 않다. 둘째, 300~400년이 지나도 금방 심은 듯하다. 셋째, 가지가 16m나 올라가 어른이 손을 벌려 맞잡을 만큼 크다. 넷째, 나무껍질이 푸르고 윤기가 나서 차나무가 탐낼 정도로 기운이 넘친다. 다섯째, 나뭇가지가 특출해서 마치 치켜올린 용꼬리 같다. 여섯째, 쟁반 같은 뿌리를 비롯한 나무의 모습은 여러 짐승이 지내기에 적합하다. 일곱째, 풍만한 잎은 깊어 마치 천막 같다. 여덟째, 성품은 서리와 눈을 견딜 수 있어 사계절 동안 늘 푸르다. 아홉째, 꽃이 피면 2~3개월을 난다. 열째, 물을 넣고 병에 길러도 10여 일 동안 색이 변하지 않는다."

보는 방식에 따라 달라지는 상징

동백은 청렴과 절조, 다자다남, 불길을 상징합니다. 동백은 상록수로서 겨울 또는 초봄에 꽃이 피므로 청렴하고 절조 높은 이상적인 인간의 모습으로 보고 거기에서 높은 가치관을 취하려는 풍조가 배양되어 왔습니다. 조선 시대 선비들은 동백을 매화와 함께 높이 기렸습니다.

동백나무는 많은 열매를 맺는 까닭에 다자다남(多子多男)을 상징하게 되었고 나아가서 이 나무는 여자의 임신을 돕는 것으로 믿어졌습니다.

동백꽃은 질 때의 모습이 다른 꽃에 비해 좀 특이합니다. 꽃잎이 한 잎 두 잎 바람에 흩날려 떨어지는 것이 아니라 꽃송이가 통째로 쏙 빠져 떨어집니다. 떨어진 꽃송이의 꽃잎은 모두 하늘로 향하고 있습니다. 이처럼 꽃이 통째로 떨어지는 까닭에 불길(不吉)을 상징하는 나무로 취급되기

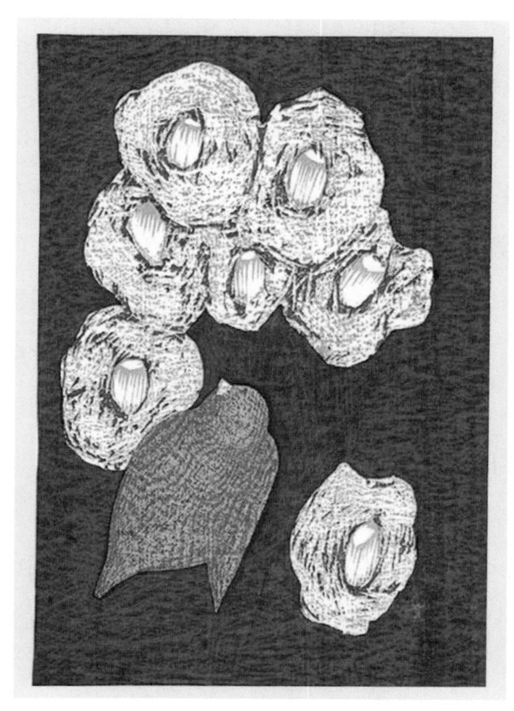

가와노 가오루(河野 薫, 1916~1965), 〈동백〉, 1959

도 하였습니다. 제주도에서 동백나무는 불길하다고 하여 집 안에 심지 않는다고 하며, 특히 일본에서는 그 모습이 마치 무사의 목이 잘려 떨어지는 것과 같은 느낌을 준다고 하여 꺼린다고 합니다.

동백은 한자어이지만 중국이나 일본에서는 전혀 사용하지 않고 우리나라에서만 사용하는 말입니다. 이 꽃은 겨울에 꽃이 핀다 하여 동백(冬柏)이란 이름이 붙었다고 하며, 봄에 피는 것도 있어 춘백(春栢)이란 이름으로 불리기도 했습니다. 동백은 원래 순수한 우리말인데 나중에 음이 같은 한자를 가져다가 동백(冬柏)이라 표기한 듯합니다. 우리에게 익숙한 동백(冬柏)이란 이름이 문헌에서 처음 등장하는 것이 바로 앞에서 소개한 이규보의 시 「동백꽃」에서입니다.

조선 초기 강희안은 『양화소록』에서 이 나무를 산다화(山茶花)로 소개하면서 속명으로 동백(冬柏)이라 했습니다. 그리고 "우리나라에서 심는 것은 다만 네 종류가 있는데 단엽홍화(單葉紅花)로 눈 속에 피는 것을 세속에서는 동백(冬柏)이라 하고, 단엽분화(單葉粉花)로 봄에 피는 것을 춘백(春栢)이라 하며 … 동백과 춘백은 남해 섬 가운데 많이 나는데 거기 사람들이 베어 땔감으로 쓰고, 열매를 따서 기름을 내어 머릿기름으로 쓰고 있다."고 했습니다.

또, 문일평은 『화하만필』에서 "동백은 속명이요, 원래 이름은 산다(山茶)이니 산다란 이름은 동백의 잎이 산다와 근사함에 의하여 생긴 것이라 한다. 일본에서는 춘(椿)이라 하며 중국에서는 해홍화(海紅花)라고도 칭하니 이태백의 시집 주에는 해홍화는 신라에서 나는데 매우 곱다."고 적고 있습니다.

여기에서 보듯 동백을 산다화나 산다, 椿(춘), 해홍화로 표기하는데 조금 상세히 말씀드리면 다음과 같습니다. 중국에서는 동백을 산다(山茶) 혹은 산다화(山茶花)라 했습니다. 그리고 옛 문헌에는 해류(海榴), 해석류(海石榴)도 보이는데, 이는 동백이 중국 내에서의 자생이 확인되기 이전에 우리나라나 일본의 품종이 바다를 통해 전해진 것으로 추정됩니다. 중국의 꽃 이름 가운데 '해(海)'자가 붙은 것은 거의 해외에서 들어온 꽃이라고 합니다. 해홍화(海紅花)도 나오는데 이는 뒤에 설명하는 애기동백을 가리키며 오늘날에는 다매(茶梅)라고 부릅니다. 명나라 송현(宋賢)의 시에도 "큰 것은 산다요, 작은 것은 해홍이라(大曰山茶小海紅)"고 했습니다. 일본

에서는 동백을 '츠바키(椿, ツバキ)'라 하고 애기동백을 '사잔카(山茶花, サザンカ)'라 부릅니다.

그래서 오페라 『라 트라비아타(La Traviata)』로도 각색된 바 있는 알렉상드르 뒤마 피스의 소설 『동백꽃 여인(La Dame aux camélias)』을 일본에서는 '춘희(椿姬)'라고 번역했습니다. 중국에서는 '다녀(茶女)'라고 번역했지만 우리나라에서는 일본에서 번역한 제목이 그대로 들어와 쓰이게 된 것입니다. 우리 식으로 한다면 '동백 아가씨'가 되겠지요. 우리나라에서 「동백 아가씨」는 이미자 씨의 노래로 선풍적인 인기를 모은 바 있습니다.

우리의 토종 동백꽃은 모두 붉은 홑꽃잎으로 이루어져 있고, 돌연변이를 일으킨 분홍동백과 흰동백은 아주 드물게 만날 수 있을 따름입니다. 겹꽃잎에 여러 가지 색깔을 갖는 동백이 널리 퍼져 있지만, 이는 자연산이 아니라 일본인들이 만든 고급 원예품종이 대부분입니다. 품격으로 따진다면 토종 홑동백이 한 수 위입니다.

오색팔중산춘(五色八重散椿)이란 특이한 동백이 있습니다. 말 그대로 한 그루에서 다섯 가지 색깔의 꽃이 피고, 꽃잎은 여덟 겹이며, 다른 동백처럼 꽃송이째 한꺼번에 떨어지는 것이 아니라 한 잎씩 떨어진다고 해서 붙은 이름입니다. 이 동백은 원래 울산의 학성(鶴城)이란 곳에 있던 것인데, 임진왜란 때 가토 기요마사(加藤清正)가 가져다 도요토미 히데요시(豊臣秀吉)에게 바친 것입니다. 줄곧 지장원(地藏院)이란 절에 있다가, 그 후손이 되는 나무가 1992년 우리나라로 돌아와 울산시청 앞에서 자라고 있습니다.

동백과 애기동백

동백과 애기동백은 매우 비슷하기 때문에 이를 혼동하여 둘 다 동백이라 하기 쉽습니다. 잎, 꽃, 줄기의 모양이 비슷하나 동백나무는 어린 가지에 털이 없고 애기동백은 꽃잎이 펼쳐지고 씨방과 열매 표면에 털이 있습니다. 잎의 크기, 꽃이 피는 시기(동백 2~4월, 애기동백 10~12월), 수술 밑 부분이 붙어 있는 상태 등이 다릅니다. 동백의 꽃봉오리는 잎의 뒷면에 붙어 있어서 꽃이 잎에 가려지는 경우가 많은 데 비해, 애기동백은 꽃봉오리가 잎의 앞면에 붙어 있어서 꽃이 잘 보입니다.

애기동백(*Camellia sasanqua*)은 일본이 원산지로, 꽃 피는 시기는 가을에서 겨울, 즉 연말이 되기 전에 개화하며 꽃 모양도 조금 다릅니다. 이 꽃은 수술이 넓게 벌어져 있고 꽃이 질 때 동백처럼 통째로 떨어지지 아니하고 꽃잎이 한두 장씩 따로 떨어지며 잎도 동백보다 작아 쉽게 구별할 수 있습니다.

늘푸른 넓은잎 중간키나무로 높이는 6m 정도까지 자라며, 동백나무보다 내한성이 약합니다. 나무껍질이 황갈색 또는 흑갈색이어서 회갈색인 동백나무와 구별되며, 꽃이 초겨울에 피며 씨방에 흰 털이 빽빽하게 나는 것도 동백과 다릅니다. 잎의 크기가 동백보다 작아 '애기동백'이라 부릅니다.

꽃이 적은 가을부터 겨울에 걸쳐 꽃을 피웁니다. 개화기는 품종에 따라 10월부터 다음 해 2~3월까지 피지만 11~12월에 절정을 이룹니다. 개화 기간이 대단히 길며 개화할 때에는 꽃이 한꺼번에 피지 않고 몇 개씩 순차적으로 피어서 매일 꽃을 감상할 수 있습니다. 이들은 꽃잎이 뒤로 넘어갈 만큼 활짝 피며, 꽃이 질 때는 벚꽃처럼 꽃잎이 한 장식 떨어

신명연, 〈동백과 매화〉, 조선 후기

져 나가는 것이 동백꽃과 다릅니다. 양지~반음지를 좋아하고, 이식은 3월이 적기이며, 전정을 하지 않아도 수형이 좋으므로 전정은 튀어나온 가지를 정리하는 정도로 합니다. 맹아력이 강해 강전정에도 견디고 단정한 모양으로 가꿀 수 있어서 제주도나 남부 해안 지방에서 산울타리용으로 많이 심습니다. 일본에서는 에도시대(1603~1867)부터 사랑받아 온 정원수로 꽃꽂이에도 많이 이용하고 있습니다.

소설가 김유정(1908~1937)은 단편 「동백꽃」에서 노란 동백꽃을 언급했습니다. 여기에 등장하는 동백나무는 생강나무입니다. 강원도 사투리로 생강나무를 동백나무 혹은 산동백이라 불렀던 것입니다. 동백나무가 없는 강원도에서는 동백기름 대신 생강나무 열매의 기름을 등기름과 머릿기름으로 대용했는데 그 과정에서 이런 방언이 생겨난 것입니다. 김유정은 강원도 출신으로서 생강나무의 노란 꽃을 '동백꽃'이라고 부른 것입니다.

동백나무 심고 키우기

겨울에 짙은 녹색 잎을 배경으로 붉은 꽃과 샛노란 수술이 더욱 돋보이는 아름다운 꽃나무로서 남부지방의 바닷가에 많이 자생하지만 정원수로도 인기가 있습니다. 꽃이 진 후에 열리는 흑자색의 열매 또한 관상 가치가 있습니다. 정원에는 단독으로 심거나 통로에 열식하여 산울타리로 활용해도 좋습니다.

동백나무의 중심 줄기는 반듯하게 자라는 특성이 있습니다. 잎의 표면은 광택(革質)이 있는데 새로 나온 잎들은 기름을 발라 놓은 것처럼 반들반들한 연한 녹색으로 관상 가치가 높으며, 자라는 속도는 느리지만 오래 살아 좋고, 노목이 될수록 수형도 더욱 아름다워집니다.

동백나무는 비교적 비옥한 토양에 배수가 좋고 다습한 곳에서 잘 자랍니다. 어린 나무일 때는 그늘에서도 잘 자라지만, 생장하여 꽃이 피고 열매가 열리면 충분히 햇볕을 받아야 잘 큽니다. 배수가 잘되고, 수분을 함유하고 있는 토양이 생육에 좋습니다. 추위에는 약하지만 바닷바람과 소금기에 강해 바닷가 방풍림으로 좋습니다.

식재와 이식은 3~4월과 장마철이 적기입니다. 가을철의 이식은 겨울철에 찬바람의 피해를 많이 받으므로 피해야 합니다. 특히 동백은 뿌리가 곧게 뻗어 있어 옮겨 심을 때 뿌리가 잘리지 않도록 주의해야 합니다.

묘목은 나무 그늘 밑에 심고, 화분에 심은 묘목은 오전에 햇빛이 드는 곳에 둡니다. 적정 온도는 낮엔 25℃, 밤에는 15℃로, 추위에 약하므로 중부 지방에서는 베란다 또는 실내에서 키웁니다. 5℃ 내외에서 저온 처리를 해야 꽃눈이 분화합니다.

이 나무는 약 알칼리성 토양에서 잘 자라므로 산성 토양인 우리나라에서는 가끔 나무를 태운 재나 석회를 주면 좋습니다. 이듬해 필 꽃눈은 7~8월에 형성되므로 이 시기에는 햇빛을 잘 받도록 합니다. 아침과 저녁으로 물을 충분히 주어 나무가 마르지 않도록 하고, 비료로 유기질인 깻묵이나 완숙퇴비를 줍니다. 10월경에 결실하는 열매는 둥글어 지름이 3~4㎝이며 3개로 과육이 갈라집니다. 그 안에 암갈색의 종자가 들어 있으며, 종자에는 기름이 많이 함유되어 있습니다.

동백나무의 꽃은 자라는 곳에 따라 11월에 이미 꽃망울을 달고 있는 것도 있고 해를 넘겨 3월 혹은 4월에 꽃이 피기도 합니다. 겨울철 고층 아파트는 매우 건조해서 꽃봉오리가 피지 않고 떨어지기 쉬운데, 이런 경우 분무해 준 뒤 큰 비닐을 씌우고 윗부분을 조금 열어 두면 공중습도를 60~70%로 맞출 수 있어 꽃이 핍니다.

동백은 전정하지 않고 방임하는 쪽이 꽃이 잘 피고, 수형도 그다지 흐트러지지 않습니다. 지엽이 무성하기 쉬우므로 햇볕이 잘 들고 통풍이 잘되도록 2~3년에 한 번 정도 전정을 해 줍니다. 전정을 할 때는 반드시 잎을 2~3장은 남겨 둡니다. 산울타리용 동백나무는 꽃이 지고 난 후에 첫 번째, 6월 중하순에 두 번째 전정을 해 줍니다. 꽃눈이 분화하기 때문에 7월 하순 이후로는 전정을 하지 않습니다. 큰 나무는 꽃이 잘 필 수 있도록 도장지[15], 중첩된 가지, 밑에서 움 돋은 가지 등을 솎아 줍니다.

번식은 주로 종자와 삽목으로 합니다. 종자는 채종 즉시 파종하는 것이 발아율이 높으나 노천 매장 후 봄에 파종하기도 합니다. 9~10월에 채취하여 모래와 함께 섞은 후 그물망에 넣어 40~50㎝ 깊이로 묻었다가 다음 해 3월 중순경에 파내어 파종합니다. 이 밖에 종자가 건조하지 않도록 습한 물이끼 등에 싼 후 비닐봉지에 넣어 냉장고에 저장하였다가 다음 해 3월에 파종하기도 합니다.

삽목 중 숙지삽은 3월 중순~4월 상순, 녹지삽은 6~7월, 가을삽목은 9월이 적기입니다. 숙지삽은 충실한 전년지를, 녹지삽과 가을삽목은 그해에 나온 충실한 햇가지를 삽수로 사용합니다. 이 중 많이 하는 녹지삽은 올해 자란 가지를 15㎝ 정도로 잘라 아래 잎은 제거하고, 물에 담아 충분히 물을 올린 것을 강모래나 마사토, 버뮤큘라이트 등의 용토를 넣은 삽목상에 바로 꽂거나, 흙으로 경단 모양을 만들어 꽂습니다. 물이 마르지 않도록 3일에 한 번 정도 물을 주며 발근할 때까지 다소 시간이 걸립니다.

특별한 경우를 제외하고는 접목은 잘 하지 않습니다. 그러나 삽목이 어렵고 생육이 느린 것은 접목을 하는데, 정식 이후의 생육은 접을 붙인 것이 좋습니다. 접목은 3월 상순~4월 상순과 6~7월이 적기입니다. 봄

15 徒長枝, 웃자란 가지를 말합니다.

에는 충실한 전년지를, 여름에는 충실한 햇가지를 접수로 사용하며, 대목으로는 애기동백이나 동백나무의 3~4년생 묘목에 쪼개접(割接)으로 합니다. 접붙인 후에 건조하지 않도록 접합부를 비닐로 싸고 그 위에 차광막 등으로 덮어 그늘을 지워 줍니다.

동백나무는 재질이 담황갈색으로 굳고 치밀하며 목질이 고르고 무거워 가구재, 조각재, 세공재로 쓰이며, 잎은 꽃꽂이의 부재로 쓰입니다.

이장봉, 〈자수화조도〉, 일제강점기

추워도
향기를 팔지 않는
매화

유령산[16]에 추위 닥치자 언 입술이 터지건만

붉은빛 지니고 참다운 모습 변하지 않네

갑작스런 피리 소리에 떨어지지 말고

잘 기다리다가 배달부를 따라와야 할 거야

눈을 떠고 다시 많은 눈꽃을 꾸미고서

봄 오기 전에 미리 피어 또 한 봄을 이뤘네

옥 같은 꽃송이 향기롭고 깨끗함은

약 훔쳐 먹던 항아[17]의 전신인 듯하네

16 庾嶺, 중국 강서성(江西省)의 산이름으로. 매화의 명소라는 곳입니다.

17 姮娥, 달의 별칭입니다.

매화(*Prunus mume*)는 장미과의 낙엽 소교목으로 원산지가 중국의 사천성으로 알려져 있습니다. 지금은 중국을 비롯해 우리나라, 일본, 대만 등에서 자랍니다. 우리나라 제주 및 남부 지방은 1~3월, 중부 지방은 3~4월에 연한 붉은색 또는 흰색으로 피는 매화는 키가 5~10m이고, 잎은 어긋나며 앞면에 털이 있고, 열매는 장마가 쏟아지는 6월에 익습니다.

매화는 이미 2000년 전 중국의 의약서인 『신농본초경』에도 등장합니다. 또, 호북강륙(湖北江陸)의 전국묘(戰國墓)에서 매실이 발견되어 3000년 전부터 재배되어 왔음을 보여 줍니다. 분홍색이 기본종이며, 열매는 핵과[18]로 겉은 짧은 털로 덮여 있고 황록색으로 익으면 신맛이 납니다. 꽃잎은 선명하게 다섯으로 갈라져 어느 쪽으로 봐도 좌우대칭을 잘 이루며 안정적으로 보입니다.

매화는 날씨가 아주 추운 가운데서도 꽃을 피우는 나무로 잎보다 꽃이 먼저 핍니다. 매화가 관상식물로 눈에 띄기 시작한 것은 한 무제(武帝, 재위 B.C. 141~B.C. 87) 때 상림원(上林苑)에서 심기 시작하면서입니다. 이후 매화는 시인과 묵객들이 시를 쓰고 그림을 그리는 소재로서 선비들의 사랑을 받아 오다 송나라 시대가 되면서 문학 작품 속에서도 꽃을 활짝 피우기 시작했습니다.

매화가 우리나라에 들어온 것은 비교적 이른 시기입니다. 문헌상에 나타난 매화에 관한 최초의 기록은 『삼국사기』에서 고구려 대무신왕 24년(41년) 때 "매화꽃이 피었다"라는 내용입니다. 또 『삼국유사』에는 「모랑의 집 매화나무가 꽃을 피웠네」라는 시가 있습니다. 이로 미루어 볼 때 적어

---

18 核果, 가운데에 보통 한 개, 혹은 여러 개의 단단한 씨앗을 가지고 있으며, 주위는 물이 많은 과육으로 둘러싸인 열매를 말합니다.

도 삼국 시대 초기 이전부터 매화를 받아들인 것으로 보입니다.

매화 하면 떠오르는 분들이 있습니다. 중국 송나라 때의 시인인 임포(林逋, 967~1028)는 항주의 서호(西湖)에서 20년 동안 처자식 없이 독신으로 은거하며 매화를 가꾸고 두 마리의 학(鶴)을 길렀다고 합니다. 그래서 당시 사람들은 "매처학자(梅妻鶴子)", 즉 "매화를 아내로 삼고 학을 자식으로 삼았다."고 했습니다. 임포는 매화와 관련된 시를 많이 썼고, 그 이후 매화는 산림처사(山林處士)를 상징하는 꽃으로 자리 잡게 되었습니다.

그의 시 중에서도 어느 이른 봄날 저녁, 서호의 물에 비친 매화의 정취에 감동해 읊은 다음의 시는 고결한 시인의 마음을 고고한 매화의 자태에 가탁한 절창이라 할 수 있습니다. 이후 '성긴 그림자(疏影)'와 '그윽한 향기(暗香)'는 매화를 대표하는 이미지로 널리 알려지게 되었습니다.

성긴 그림자는 맑고 얕은 물에 비스듬히 기울고 疏影橫斜水淸淺
그윽한 매화 향기는 달빛 어린 황혼에 떠도네 暗香浮動月黃昏

매화를 남달리 사랑한 인물로 중국에 임포가 있다면, 우리나라에는 퇴계 이황(1501~1570)이 있습니다. 조선 시대의 대표적인 유학자인 이황은 매화에 대한 시 107 수를 지었는데, 이 중 91수를 모은 것이 『매화시첩(梅花詩帖)』입니다. 그중에 한 수를 소개하면 다음과 같습니다.

창가에 기대서니 밤기운이 차가워라
매화 핀 가지 끝에 달 올라 둥그렇다
봄바람 청해 무엇하리, 가득할 손 청향(淸香) 일다

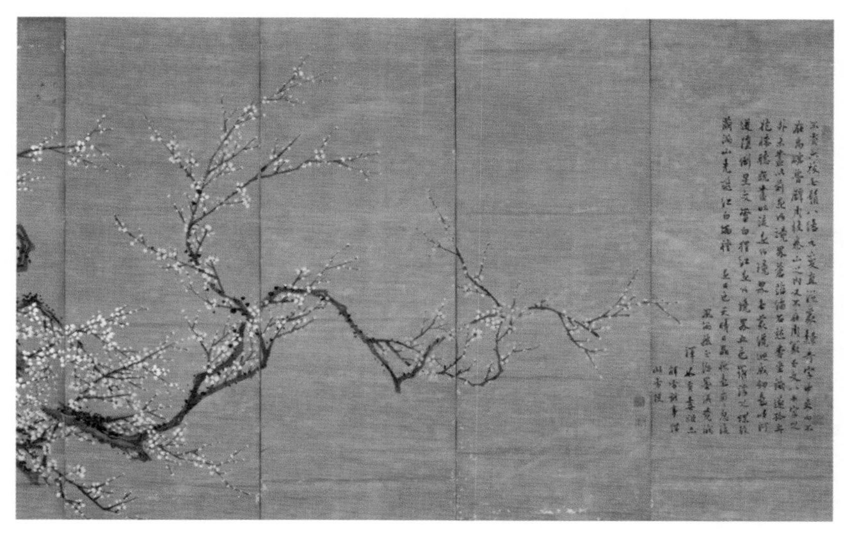

조희룡(1789~1866), <붉은 매화와 흰 매화>

이황은 매화의 고고한 성품을 늘 곁에서 보고자 평생 매화분(梅花盆)을 가까이하며 정성을 쏟았고, 평소 매화를 매형(梅兄), 매군(梅君), 매선(梅仙)으로 부르기도 했습니다. '梅寒不賣香(매화는 추워도 향기를 팔지 않는다)'이라는 말을 좌우명으로 삼아 평생을 살았음에도 불구하고, 생을 마감하는 유언으로 '분매(盆梅)에 물을 주라'는 말을 남길 정도로 애정이 남달랐다고 전합니다.

또 매농(梅儂)이라 자칭할 정도로 매화를 사랑했던 유박이 쓴 『화암수록』의 「화목구등품제」에서는 매화를 국화, 연꽃, 대나무, 소나무와 함께 최고 등급인 1등급으로 삼았고, 화목 28우에서는 춘매(春梅)를 고우(故友), 즉 옛 친구라 하여 깊은 애정을 표현하고 있습니다. 유박이 쓴 수많은 매화 시 중 세 편을 소개합니다.

백화암의 십이월
늙은 매화 한 그루
창밖 눈발 흩날리며
향기 찾아오누나

마주해 한 조각 마음은 희고
매화가 나요 내가 매화라
먼지 하나도 꼼짝 않는데
창밖 달빛만 혼자 거닌다

서호의 한밤중 눈 내리더니
향기가 둘째 가지에서 풍긴다
꿈조차 해맑기 이와 같아서
성근 창의 매화 위로 달이 뜨누나

봄소식과 희망을 알리는 매화

매화는 선비정신·군자·절개를 나타내고, 봄소식과 희망을 상징합니다.

우리나라 선인들이 매화나무를 좋아한 이유는 추운 날씨에도 굳은 기개로 피는 하얀 꽃과 은은하게 배어나는 향기, 즉 매향(梅香) 때문입니다. "오동나무는 천년을 늙어도 가락을 품고 있고, 매화는 한평생 추워도 향기를 팔지 않는다(桐千年老恒藏曲 梅一生寒不賣香)."는 신흠(1566~1628)의 시도 있습니다. 또 '매경한고 발청향(梅經寒苦 發淸香)'이라 해 '매화는 추운 겨울을 겪은 다음에 맑은 향기를 낸다'고 합니다.

그래서 매화는 추운 겨울의 고통을 겪어야 맑은 향기를 내고, 사람은 어려움을 겪어야 기개가 나타난다는 "한고청향(寒苦淸香) 간난현기(艱難顯氣)"의 글귀와 함께 세한삼우(歲寒三友)나 문인화의 사군자에 매화를 포함시킬 정도로 옛 선비들의 매화에 대한 애착은 남다른 바가 있었습니다.

아직 온 천하가 풍설에 덮여 있는 겨울의 끝머리에 백화에 앞서서 먼저 봄소식을 알려 주는 꽃이 매화입니다. 매화는 머지않아 봄이 올 것임을 알리는 전령인 것입니다. 봄꽃이 피어나는 순서를 춘서(春序)라 하는데 당나라 백낙천[19]의 '춘풍'에서 유래합니다.

봄기운에 뜨락의 매화가 가장 먼저 피어나고
뒤이어 앵두 살구 복사 오얏꽃이 차례로 핀다.

매화는 만물이 추위에 떨고 있을 때 봄의 문턱에서 꽃을 피움으로써 사람들에게 삶의 의욕과 희망을 가져다주며 힘찬 생명력을 재생시키는 기대를 가지게 해 줍니다. 매화에 대한 이와 같은 희망·재생 등의 상징성은 일제 강점기에는 조국 광복의 염원으로 나타나기도 했습니다.

지금 눈 내리고/ 매화 향기 홀로 아득하니/
내 여기 가난한 노래의 씨를 뿌려라.
– 이육사, 「광야」의 일부

19 白樂天, 백거이(772~846)를 가리킵니다.

매화는 예부터 사군자 중 첫 번째로, 선비로 의인화하여 동양화에 자주 등장하였습니다. 추위가 아직 남아 있는 이른 봄에 꽃을 피우기 시작한 매화를 찾아 나서는 탐매(探梅)도 했고, 봄기운이 완연해지면 만발한 매화를 찾아 즐기는 관매(觀梅)도 했습니다. 그뿐만 아니라 매화 분재를 만들어 곁에 두면서 즐기기도 했습니다.

강희안의 『양화소록』에는 복숭아를 대목으로 하여 매화를 접목해 분재를 만드는 방법이 수록되어 있습니다. "무릇 매화를 접하는데 먼저 소도(小桃)를 분에 심어 그 분을 매화나무에 매달고, 소도의 거죽과 매화의 거죽을 벗기고 두 나무를 한데 합쳐 생칡으로 단단히 동여맨다. 두 나무의 물기가 통하여 거죽이 완전히 서로 엉러붙은 뒤에는 본 매화나무를 잘라 버리니 이것을 세상에서 의접(倚接)이라 한다. 분을 그늘과 볕이 번갈아 드는 곳에 두고 물을 자주 주고 서로 얽어매서 꼬불꼬불한 노매(老梅) 모양으로 만든다."고 하였습니다.

조선 후기에 정국순(鄭克淳, 1700~1753)이라는 문인은 「이소매기(二小梅記)」라는 글을 썼습니다. 이 글에는 당시 매화 분재를 만드는 방법이 상세히 기술되어 있는데, 일부를 소개하면 다음과 같습니다.[20]

"기이함을 좋아하는 선비들이 산골짜기를 뒤져 복숭아와 살구나무 고목을 찾아 베고 자르고 쪼개고 꺾어 그루터기와 앙상한 뿌리만 겨우 남겨 놓는다. 비바람에 깎이고 벌레가 좀먹어 구불구불 옹이가 생기고 가운데 구멍이 뚫린 것을 가져다가 접을 붙인 다음 흙 화분에 심는다. 온 천지가 한창 추울 때가 되면 꽃을 피운다. 마치 신선이나 마술사가 요술

20 강판권, 『나무열전』, 글항아리, 2007

을 부려 만들어 낸 것 같다."

눈썹이 세도록 늙어서도 즐거움을 누리길

한편, 매화 가지에 달이 걸려 있는 흔한 그림들은 미수상락(眉壽上樂)으로 읽습니다. 눈썹이 하얗게 세도록 늙어서도 즐거움을 누리라는 뜻이 된다고 합니다.[21]

사람들이 매화를 가까이한 역사가 오래이다 보니 수없이 많은 품종이 만들어졌습니다. 강희안의 『양화소록』에는 천엽홍백매와 단엽백매가 등장하고, 『화암수록』에는 매화에 21개 품종이 있다고 기록되어 있습니다. "춘매(春梅), 즉 봄에 피는 매화는 고우(古友), 곧 예스런 벗으로 삼고, 납매(臘梅), 즉 섣달에 피는 매화는 기우(奇友), 곧 기이한 벗으로 삼는다."고 하고, "매화는 천하의 매력적인 물건이니, 지혜로운 사람이나 어리석은 자, 어질고 못난 이 할 것 없이 아무도 여기에 이의를 달지 않는다. 원예를 배우는 사람은 반드시 매화를 가장 먼저 심는데, 숫자가 많아도 싫어하지 않는다."고 하면서 "언제부터 매화를 접붙이기 시작하였는지는 알 수 없다. 다만 매화는 접을 붙여야만 매화이다."고 나와 있습니다.

다산 정약용(1762~1836)은 일찍이 매화를 품평하여 이렇게 말했습니다. "천엽(千葉)이 단엽(單葉)만 못하고 홍매(紅梅)가 백매(白梅)만 못하다. 반드시 백매 중에 꽃잎이 크고 뿌리 부분이 거꾸로 된 것을 골라서 심어야 한다."

21 梅가 눈썹 眉를 뜻합니다. 중국 발음으로는 'mei'라고 읽습니다.

예로부터 우리 조상들은 매화를 감상하는 네 가지 기준을 두었습니다. 첫째는 가지가 번잡한 것보다 드문 것이 좋고, 둘째는 어린 나무보다 늙은 나무가 좋고, 셋째 살찐 나무보다 여윈 나무가 좋고, 넷째 활짝 벌어진 꽃보다 다소곳이 오므린 꽃이 보기 좋다고 했습니다.

우리나라에서는 관상 부위와 계절에 따라 아름답고 향기로운 꽃이 피는 이른 봄에는 매화나무라 불렀고, 초여름이 되면 그 열매에 가치를 두어 매실(梅實)나무라고 다르게 불렀습니다. 매화는 꽃의 빛깔에 따라 백매, 홍매로 나누고, 꽃잎의 수가 많으면 만첩매, 가지가 늘어지면 수양매가 됩니다. 매화꽃을 즐기는 사람들은 꽃을 일찍 피우고 향기가 진한 흰 홑겹꽃을 귀하게 여기는데, 그중에서도 자색빛을 띠지 않은 녹두색 꽃받침을 가지고 있는 '청악소판'이란 품종을 가장 높이 친다고 합니다.

매화가 중국의 꽃이라는 것은 그 이름에서도 알 수 있습니다. 이화(梨花)나 도화(桃花)는 배꽃, 복숭아꽃처럼 한국 고유의 이름을 지니고 있는데 대해 매화만은 그렇지 않습니다. 매화를 뜻하는 일본의 '우메(ウメ)' 역시 중국에서 약용으로 들어온 '오매(烏梅)'에서 비롯된 말이라고 합니다. 하지만 매화는 원산지 중국만 아니라 한국의 반도, 일본의 섬에 분포·토착화하면서 세 나라의 문화를 이어주는 다양하고 특징적인 '매화문화권'을 형성해 왔습니다.

매화는 중화민국의 국화입니다. 청나라는 모란을 국화로 삼고 있었으나, 1911년 신해혁명으로 수립된 중화민국 정부는 1929년에 모란이 너무 화려하다는 이유로 탈락시키고, 추위에 강한 점이 혁명정신에 부합한다 하여 매화를 국화로 정했습니다.

이후, 대만으로 쫓겨난 중화민국은 1964년에 매화를 국화로 지정했습

<화훼도 병풍>, 19~20세기 초, 국립고궁박물관 소장

니다. 이것은 다섯 개의 매화 꽃잎이 한·만·몽골·회(이슬람)·장(티벳)의 '오족공화(五族共和)'를, 매서운 추위에 꺾이지 않고 꽃을 피우는 성질이 '외적에 굴하지 않는 민족의 독립·영광'을, 그리고 이른 봄 다른 꽃보다 먼저 꽃을 피우는 미덕이 '세계에서 제일 오래된 문명의 발상국'을 나타내기 때문이라고 합니다.[22]

한편 대륙의 중화인민공화국은 아직 국화를 정하지 않고 있으나 모란이나 매화가 그 후보라고 합니다.

매화는 오래전부터 꽃을 감상하고 열매를 이용하기 위해 인가 부근에서 재배해 온 나무입니다. 꽃은 이른 봄에 잎보다 먼저 피지만, 품종에

22 또, 매화에서 볼 수 있는 3개의 꽃의 수술과 5개의 꽃잎은 삼민주의 원칙과 오권분립을 상징하고, 매화가 겨울에 피는 꽃으로 강인하고 거룩하고 깨끗함 등을 상징하며 중화민국의 정신을 대표한다고도 합니다.

따라서는 한겨울에 피는 것도 있습니다. 꽃·향기와 함께 녹색의 어린 가지 및 굵고 거친 느낌을 주는 검은 줄기, 근원부의 뿌리 뻗음 등 식물체 전체가 관상의 대상이 됩니다. 지면 가까이에서 줄기가 많이 갈라져 운치 있는 수형을 만들며, 노목이 될수록 더욱 아름답게 변합니다. 꽃눈은 가지 전체에 붙지만 주로 짧고 충실한 가지에 붙습니다. 꽃눈은 7~8월경에 만들어지는데, 이것이 다음 해 1월경부터 부풀기 시작해 이른 봄에 꽃을 피웁니다.

매화 심고 키우기

해가 잘 들고, 물 빠짐이 잘되는 비옥한 사질 양토가 매화를 식재하기 좋은 장소입니다. 가지가 옆으로 뻗는 성질이 있으므로 여러 그루를 무리로 심을 때에는 2~3m 간격을 두고 심습니다. 식재와 이식 시기는 낙엽기인 12~3월이 적기입니다. 노목이나 중요한 나무를 이식할 때는 1년 전에 뿌리돌림을 하여 잔뿌리를 많이 발생시킨 후 뿌리분을 크게 만들어서 이식하는 것이 안전합니다. 매화가 성장이 나쁘거나 꽃이 잘 피지 않는 것은 비료 부족이 원인인 경우가 많습니다. 따라서 낙엽 진 후, 밑거름을 주면 비료의 효과가 빨리 나타납니다. 매화는 자가 불화합성[23] 품종이 많아서 결실을 맺기 위해서는 가까이에 다른 품종을 심는 것이 좋습니다.

매화는 오래전부터 재배되어 왔으며, 더위와 추위는 물론 병충해에도

23 自家不和合性, 자가수분하지 않고 교잡만으로 번식하는 성질을 뜻합니다.

비교적 강해서 정원수로도 친근합니다. 살구나 자두와는 근연종으로 이들과 매실과의 교잡종도 있습니다. 필수적인 작업은 수확과 전정뿐이지만, 품질이 좋은 과실을 수확하기 위해서는 많은 작업이 필요합니다. 착과가 나쁜 경우에는 인공 수분을 하고, 적과로 과실을 솎아 내고 적심, 가지 정리와 비틀기로 가지를 충실하게 합니다.

전정 시기는 11월 하순~1월이며, 꽃눈은 짧은 가지에 생기는 경향이 있으므로 길게 뻗은 가지를 우선적으로 잘라 내면 좋습니다. 가장 단순한 전정법은 꽃이 필 때까지 방임해 두었다가, 채광과 통풍을 위해 불필요한 가지만 제거해 주는 것입니다.

번식은 종자나 삽목, 접목으로 합니다. 종자 번식은 7월에 잘 익은 열매의 씨를 바로 파종하거나 젖은 모래에 묻어 두었다가 이듬해 봄에 뿌립니다. 그러나 열매를 맺게 될 때까지 오랜 시간이 걸리므로 실생은 대목용 묘목을 만드는 데 이용합니다. 본엽이 5~6장 나오면 이식하고, 연필 정도의 굵기가 되면 접목의 대목으로 이용할 수 있습니다.

삽목은 3월 하순~4월 상순이 적기입니다. 지난해에 나온 가지의 끝부분과 아랫부분을 제거하고, 충실한 중간 부분을 삽수로 이용합니다. 15~20㎝ 길이로 잘라서 1~2시간 물을 올린 후 삽목상에 꽂습니다. 반그늘에 두고 건조하지 않도록 관리하며 키웁니다.

특별히 마음에 드는 품종을 그대로 얻고자 할 때는 접목을 합니다. 2월 하순에서 3월 상순이 휴면지 접목의 적기이며, 대목은 매실나무 또는 복숭아나무, 살구나무 등 1년생 실생묘나 삽목묘를 이용합니다. 햇가지 접목은 6~9월이 적기이며, 그해에 나온 충실한 햇가지를 접수로 사용합니다. 눈접도 가능합니다.

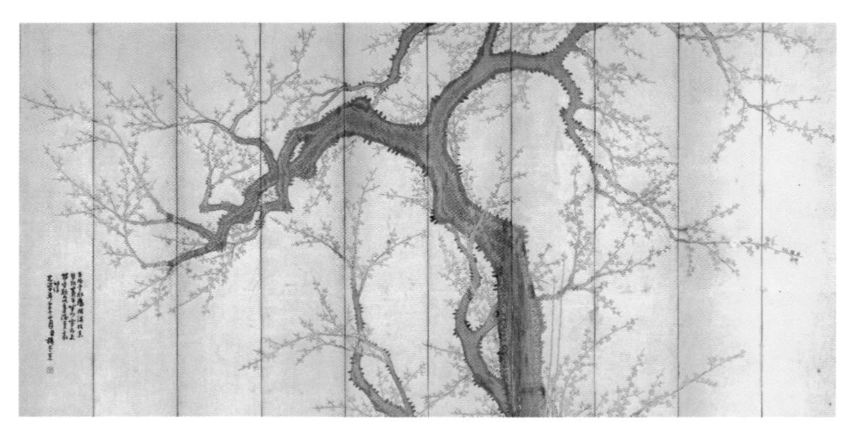

양기훈[24], <매화도 자수 병풍(梅花圖刺繡屛風)>, 1906

5~6월은 청매실의 수확기입니다. 매실에는 구연산이 있어 신맛이 있고 당도가 있어 매실주와 엑기스 담금용으로 이용합니다. 약성이 좋은 시기인 6월 중순에서 7월 초순에 수확한 직경 4㎝ 정도 크기로 신맛과 단맛이 함께 나는 매실을 최상품으로 여깁니다. 생과 그대로의 이용은 드물고 불에 쬐어 말린 오매(烏梅) 등은 한약 재료가 되며, 일본에서는 매실을 절임 식품으로 하여 널리 이용하고 있습니다.

24 양기훈(1843~?)이 그린 매화도를 밑그림으로 하여 비단 바탕에 수를 놓은 병풍입니다. 오래된 매화 나무의 굵은 줄기를 화면 중앙에 배치하고 줄기에서 뻗어 나온 가지들 위에 피어 있는 꽃송이들을 표현했습니다. 10폭의 화면 전체에 걸쳐 꽃이 만개한 한 그루의 매화 나무를 표현한 대작입니다.

학문과 벼슬에 뜻을 둔 선비들의 그림, 맨드라미

거친 땅에는 아까운 꽃이로다
화원이 환하도록 잘도 피었네
모든 꽃은 봄여름에 피고 지는데
여름부터 늦가을까지 오래가서 좋구나
그 누가 이렇게 이름 붙였나
붉은 모양 흡사 닭 볏이구나

옛날에 싸움 잘하는 닭이 있어
강한 적과 죽도록 싸우다가
붉은 벼슬 피투성이가 되어
땅에 가득 핏방울 뿌리며

그렇게 죽은 넋이 해마다 되살아

붉게 피는 꽃이 되었는가

맨드라미(*Celosia cristata* L.)는 비름과에 딸린 한해살이풀로 원산지가 인도라고 합니다. 키는 25~90㎝ 정도로 작은 것부터 큰 것까지 여러 가지이고, 잎은 어긋나며 긴 칼 모양이거나 끝이 뾰족한 타원형입니다. 꽃은 7~10월에 피는데, 원줄기 사이에서 나온 꽃줄기에 잔꽃이 빽빽하게 붙어 있고, 그 잔꽃들에서 까맣고 반질반질한 작은 씨앗들이 많이 나옵니다.

강희안이 쓴 『양화소록』의 「화목구품」에 9품으로 등급이 낮기는 하지만 계관화(鷄冠花), 즉 맨드라미가 봉선화, 패랭이꽃, 무궁화 등과 함께 들어 있습니다. 꽃 모양이 수탉의 새빨간 벼슬을 닮아 계관화, 계두(鷄頭)라는 이름을 얻게 된 것인데 부채처럼 퍼진 것, 넙적한 것, 붓끝처럼 뾰족한 것 등 여러 종류가 있습니다.

이 꽃이 언제 어떻게 우리나라에 들어왔는지 고증할 방법은 없습니다. 그러나 이미 고려 시대부터 애완되던 화초입니다. 조선 시대에도 문인들이 맨드라미를 시로 읊고 그림으로 그렸습니다. 신사임당의 유명한 「초충도」 중에는 맨드라미와 쇠똥벌레를 그린 그림도 있습니다.

이규보는 앞의 시 「동산에 가득한 계관화」에서 맨드라미가 피를 흘리며 싸우다가 죽은 닭의 혼령이 꽃으로 변한 것이라 했습니다. 맨드라미의 붉고 넓적한 꽃을 보면 누구라도 쉽사리 닭의 벼슬을 연상할 수 있을 것입니다. 맨드라미는 붉은색만 있는 것이 아닙니다. 노란색, 분홍색, 귤색 등 다양하며 단색이 아닌 두 가지 색 이상이 함께 있는 꽃도 있습니다.

이 꽃은 흔히 봉선화와 함께 장독대 너머나 울타리 밑에 심습니다. 김

신사임당[25], 〈초충도(草蟲圖)〉, 조선 중기

윤식(1835~1922)의 시에 "울타리 밑 맨드라미 새빨갛구나"라 한 것이 있고, 추사 김정희(1786~1856)의 「계관화」 시 끝 구에서는 이렇게 노래하였습니다.

장독대 이편저편 운치를 더했거니
희고 붉은 봉선화와 함께 피어 있구나

25 신사임당(申師任堂, 1504~1551)은 이이(李珥)의 어머니로 조선 중기의 대표적인 여류화가입니다. 시, 글씨, 그림에 모두 뛰어났고 자수도 잘하였습니다. 그림은 산수, 포도, 대나무, 매화, 그리고 화초와 벌레 등 다양한 분야의 소재를 즐겨 그렸습니다. 산수는 안견(安堅)을 따랐다고 전해집니다. 이 작품은 여덟 폭 병풍의 초충도 중 하나입니다. 맨드라미와 나비 등의 표현에서 섬세한 필선, 선명한 색채, 안정된 구도 등을 보이는 훌륭한 작품입니다. 이러한 초충도는 신사임당의 작품이라고 전해지는 것이 많으며, 후대에 자수본(刺繡本)으로 많이 이용되었습니다.

울긋불긋한 봉선화와 같이 피어 있다고 한 것만 보아도 맨드라미는 울타리 아래이거나 장독대 옆에 피는 꽃임을 알 수 있습니다. 시골집의 장독대 주변에 맨드라미를 많이 심는 것도 그 꽃이 닭볏과 같은 모양이어서 닭을 무서워하는 지네가 접근하지 못하게 하려는 주술적인 의미를 지니고 있다고 합니다.

또 옛날에는 학문과 벼슬에 뜻을 둔 선비들의 방에 닭과 맨드라미가 함께 그려져 있는 그림을 걸어 놓았습니다. 이를 "관상가관(冠上加冠)", 즉 벼슬 위에 또 벼슬이 있는 것처럼 승승장구하여 부귀공명을 누리기를 바란 것입니다.

맨드라미의 특징 중 하나는 꽃 피는 기간이 길다는 것입니다. 『동국이상국집』 후집 5권에 나오는 이규보의 다른 시 「계관화 시에 화답한 이학사의 시에 차운하다」란 시에도 이런 내용이 담겨 있습니다.

온갖 꽃이 피고 진 지 이미 오래이건만
가만히 보니 이 꽃은 오래도 가누나
줄기의 치밀한 결 조금은 연약하지만
거친 바람 소나기에도 끄떡없다네

문일평은 『화하만필』에서 "맨드라미는 6, 7월이 되면 그 줄기의 끝에 닭의 벼슬과 같은 꽃이 피어 9, 10월에 서리 오도록 그것이 그대로 계속되어 꽃이 고운 것보다도 그 꽃이 피는 기간이 길므로 일반인의 사랑을 받아 고래로 이 꽃은 많이 재배한 모양이니" 하면서, 『군방보(群芳譜)』를 인용하여 이 꽃이 마른 땅을 좋아하며 청명(淸明)에 심는 것이 좋다고 하고, 키가 큰 것은 비바람에 부러질 염려가 있으니 대가지 같은 것으로 받쳐 주어야만 된다고 하였습니다.

맨드라미는 열대 지방 원산이라 여름철 한창 더울 때 잘 자라며, 꽃 하나하나는 작지만 여럿이 모여 그 모양이 닭의 볏같이 보입니다. 여름의 직사광선이나 건조에는 아주 강하며, 전 세계에서 관상용으로 재배됩니다. 이식을 싫어하므로 직파를 해야 가꾸기 쉬우며 발아 적온은 20~25℃입니다. 직파의 경우는 흙을 충분히 갈아서 밑거름과 잘 섞습니다. 큰 흙덩이는 잘게 부수고, 흙을 고른 다음에 씨를 뿌리며, 복토는 3㎜ 정도의 두께로 덮습니다. 본잎이 2~3장 나오면 정식하는데, 뿌리가 잘리면 충격으로 꽃눈분화를 일으켜서 빈약한 꽃이 피게 됩니다.

우리나라에서만
부르는 이름,
무궁화

하물며 이 꽃은 잠시뿐이라

하루도 지탱하기 어려운 것이

허무한 인생과 같음을 꺼려

떨어진 꽃 차마 보지 못해

도리어 무궁이라 이름했지만

그러나 과연 무궁토록 있겠는가?

두 사람 이 말 들으면 크게 놀라

입 다물고 말 못하리

무궁화(*Hibiscus syriacus* L.)는 우리나라의 나라꽃으로 아욱과에 속하는 낙엽 활엽 관목입니다. 원산지는 중국과 인도로 높이는 3~4m 정도이고, 줄기는 회색을 띱니다. 어긋나는 잎은 달걀형이고, 크게 세 개로 갈라지며 가장자리에는 불규칙한 톱니가 있습니다. 꽃은 7~9월에 분홍색·흰색·보라색 등 다양하며, 잎겨드랑이에 1송이씩 계속 피어나는데 한 송이 지름은 6~10㎝쯤 됩니다. 꽃잎 다섯 개는 아랫부분에서 하나로 붙었고, 열매는 10월에 긴 타원형의 삭과[26]로 익습니다.

무궁화가 우리나라의 자생종이라고 주장하는 사람도 있지만, 학계에서는 중국으로부터 도입된 것으로 보고 있습니다. 무궁화(無窮花)란 이름은 꽃이 여름부터 늦가을까지 계속해서 매일매일 새로 피어난다는 뜻에서 붙여진 것입니다. 무궁화는 전체적인 개화 기간도 길지만 아침 해가 뜰 때 피었다가 해가 질 무렵에는 시들어 떨어집니다. 무궁화는 한자로 근화(槿花) 외에 목근(木槿), 조화(朝花), 번리화(藩籬花)라고 합니다.

우리나라에 무궁화가 많이 자라고 있다는 기록은 중국의 춘추전국 시대에 저술된 지리서 『산해경(山海經)』에서 찾아볼 수 있습니다. 이에 따르면 "군자의 나라에 ~ 훈화초가 있어 아침에 피었다가 저녁에 진다(君子國 ~ 有薰花草 朝生暮死)."고 하였습니다. 여기서 말하는 군자국은 우리나라를 가리킨 것이고 훈화초는 무궁화의 한자명입니다. 이로 미루어 우리나라에 무궁화가 자라고 있었던 것은 2천 년이 훨씬 넘는 아주 오랜 옛날임을 알 수 있습니다.

무궁화는 중국에서는 쓰지 않고 우리나라에서만 부르는 이름입니다.

---

26 蒴果, 익으면 과피(果皮)가 말라 쪼개지면서 씨를 퍼뜨리는 여러 개의 씨방으로 된 열매를 말합니다.

가장 먼저 등장하는 자료가 이규보의 『동국이상국집』입니다. 이규보의 친우인 장로 문공과 동고자 박환고가 각각 근화의 이름에 대해 논평했습니다. 한 사람은 꽃이 끝없이 피고 지므로 無窮(무궁)이 옳다 주장하고 한 사람은 옛날 임금이 이 꽃을 사랑했으나 궁중에는 없었기 때문에 無宮(무궁)이 옳다고 고집하였습니다. 서로가 결정을 짓지 못하고 마침내 백낙천(白樂天)의 시운(詩韻)을 취하여 제각기 근화시(槿花詩) 1편씩을 짓고 또 이규보에게 화답케 하였습니다. 앞에 소개한 시는 이때 지은 「차운장로박환고론근화병서(次韻長老朴還古論槿花兵書)」란 제목을 가진 시의 일부로, 무궁화라는 명칭이 오래되었음을 알 수 있습니다.

문일평은 『화하만필』에서 무궁화에 대해 다음과 같이 기술하고 있습니다. "목근화(木槿花)는 무궁화니 동방을 대표하는 이상적 명화이다. 이 꽃이 조개모락(朝開暮落)이라고 하나 그 실은 떨어지는 것이 아니요, 시드는 것이니 조개모위(朝開暮萎)라 함이 차라리 가할 것이며 따라서 낙화 없는 것이 이 꽃의 특징의 하나로 볼 수 있다. 어쨌든 아침에 피었다가 저녁에 시들어 버리는 것은 영고무상한 인생의 원리를 보여 주는 동시에 여름에 피기 시작하여 가을까지 계속적으로 피는 것은 자강불식하는 군자의 이상을 보여 주는 바다. 개화 기간이 긴 것은 꽃의 품격이 맑고 아름다운 것과 함께 이 꽃의 두드러진 특징이라 할 것인 바 조선인의 최고 예찬을 받는 이유도 주로 여기 있다 할 것이다."

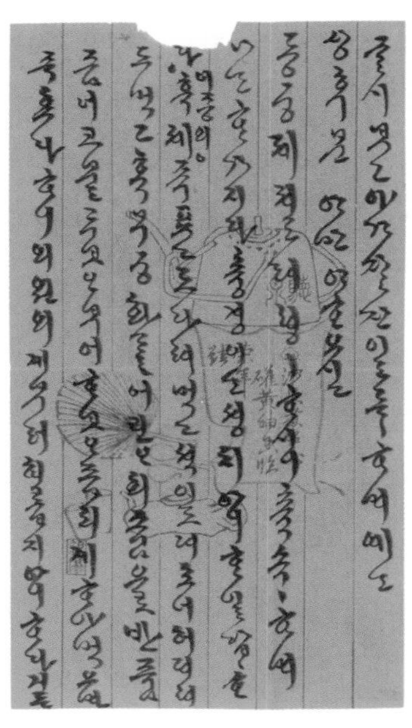

〈명성황후의 한글 편지〉[27], 국립고궁박물관 소장

끊임없이 피어나 질 줄 모르는 꽃

근역(槿域)은 무궁화 나라라는 뜻인데, 곧 우리나라를 지칭하는 용어입니다. 이 말은 멀리 『산해경』에 근거를 두고 있습니다. 언제부터 무궁화를 우리나라를 상징하는 꽃으로 생각하고 우리나라를 근역으로 상정하게 된 것인지는 정확히 알 수 없으나, 신라 말기 최치원(857~900)이 효공

---

27 조선 시대 한글 편지는 주로 문안인사, 집안일에 관련된 조치 등을 하는 데 쓰였습니다. 명성황후는 여흥 민씨(驪興 閔氏) 집안의 일원들과 많은 편지를 주고받았습니다. 개인적인 부탁 외에도 왕실의 상황을 엿볼 수 있는 내용이 실려 있어 역사적 의미가 매우 높습니다. 편지의 내용은 다음과 같습니다.
'글씨 보고 밤사이에 잘 잔 일 든든하며 여기는 주상전하[상후(上候)]의 문안(問安)도 아주 평안하시고, 동궁(東宮)의 정황[제절(諸節)]도 매우 편안하시니 축수(祝手)하며 나는 한결같다. 충경이는 성치 아니한 일이 답답하다. 이증(痍症)의 제주 표고도 달여 먹고 석이버섯도 되로 넣어 달여도 먹고 혹 무궁화(無窮花)를 어린아이 줌으로 반 줌쯤 넣고 물 두 보시기[보아(甫兒)] 부어 한 보시기쯤 되게 하여 먹으면 즉시 효과가 있다 하니 의원에게 물어 해롭지 아니하다 하거든.'

왕(孝恭王)의 명령으로 작성하여 당나라 소종(昭宗)에게 보낸 국서 가운데 우리나라를 '근화지향(槿花之鄕)'이라 하였습니다.

그리고 근역이란 말은 유박이 지은 『화암수록』에 등장합니다. "우리나라는 단군이 나라를 열 때 무궁화가 처음 나왔으므로 중국에서 우리나라를 일컬을 때면 반드시 근역이라고 하였습니다."(「안사형이 애초에 붙인 편지를 여기 붙이다(附安士亨原書)」)

또, 구한말에 한일합방 소식을 듣고 음독 자결한 매천 황현(1856~1910)의 「절명시(絶命時)」에서도 "새도 짐승도 슬피 울고 바다와 산악도 찡그리는데 / 무궁화 세계가 이미 멸망하였네 / 가을 등불 아래 책을 덮고 천고의 역사를 회고하니 / 인간 세상에서 지식인 노릇이 어렵구나"라고 하여, 우리나라를 '근화세계'로 지칭한 바 있습니다.

1930년 동아일보에 발표된 노산 이은상의 「조선의 노래」도 빼놓을 수 없습니다.

백두산 뻗어 내려 반도 삼천리
무궁화 이 강산에 역사 반만년
대대로 이어 사는 우리 삼천만
복되도다 그 이름 조선이로세

이 노래는 제가 어릴 때만 해도 끝부문의 '조선'을 '대한'으로 바꿔 많이 불렀지만, 지금은 들어 본 지가 꽤 오래된 것 같습니다.

목근이란 이름은 김소운(金素雲)이 쓴 서간체 수필인 『목근통신(木槿通

信, 1951)』으로도 유명합니다. '일본에 보내는 편지'라는 부제(副題)가 붙은 이 수필은 일제 강점기와 한국 전쟁을 겪으면서 일본에 대해 느낀 바를 진솔하게 적은 글로, 일본의 『중앙공론(中央公論)』에도 번역되어 실리면서 큰 반향을 일으키기도 했습니다.

이런 무궁화가 나라꽃으로 자리를 잡은 것은 1900년경 애국가 가사가 만들어질 때 후렴으로 "무궁화 삼천리 화려 강산"이 들어가면서입니다. 대한민국 정부가 들어서면서 나라를 상징하는 꽃으로 무궁화가 선택되었습니다.

무궁화는 이런 유래로 우리나라, 한민족, 무궁을 상징합니다. 한반도를 옛날에는 근역(槿域)이라 불러왔고 근래에는 '무궁화 동산' 또는 '무궁화 삼천리 금수강산'이라고 일컬었습니다. 구한말과 일제 강점기에 무궁화란 말은 곧 우리나라를 가리키고 우리 민족을 상징하였습니다. 무궁화에는 우리의 민족정신이 깃들어 있고 우리 민족의 얼이 스며져 있기 때문입니다. 대부분의 꽃은 일반적으로 일시에 피어나 져 버리지만 무궁화는 연중 넉 달 가까이 끊임없이 피어나 질 줄 모르는 꽃입니다. 이름처럼 무궁하게 피어나는 꽃입니다.

아침에 핀 꽃은 대부분 저녁에 시들어 떨어지고 다음 날에는 옆자리에서 새 꽃이 피어납니다. 잘 자란 무궁화에서는 하루에 서른 송이가량 핍니다. 개화기는 7월부터 시작해서 10월까지 1백여 일 동안이나 계속됩니다.

무궁화는 꽃도 아름답지만, 나라꽃이라는 의미도 강합니다. 단아한 꽃 모양이 어떤 곳에 심더라도 조화를 이룹니다. 공해에도 강해 도심에서 산울타리로 심으면 꽃이 귀한 계절에 오랫동안 꽃을 감상할 수 있습니다. 많은 품종이 육종되어 있어서 꽃 색, 꽃 모양, 꽃이 피는 시기를 식재 장소에 맞게 골라 심을 수 있습니다.

무궁화 심고 키우기

무궁화는 내한성이 강한 꽃나무로 토질은 별로 가리지 않고, 배수가 잘되고 해가 잘 비치는 곳을 좋아합니다. 밑에서 많은 줄기가 나와서 큰 포기를 이룰 수 있지만, 흔히 어린 나무를 심어서 산울타리로 많이 이용하고 있습니다. 무궁화는 교잡과 번식이 잘되어서 많은 품종이 육성되고 있습니다.

무궁화는 햇빛을 좋아하는 나무로 반그늘이나 그늘에서는 생장이 불량합니다. 비옥한 토양이나 그렇지 못한 토양에서도 비교적 생장이 양호하며, 추위에 강해 우리나라 전국에서 키울 수 있습니다. 식재는 3~4월과 10~11월에 하는데, 생장이 대단히 빠르고, 비료를 흡수하는 힘이 강하기 때문에 생육 상태를 보아 가면서 비료를 줍니다.

전정을 하지 않아도 그다지 크게 자라지는 않지만, 보통 매년 같은 위치에 전정을 해 줍니다. 산울타리로 심은 경우에는 봄에 새순이 나오기 전에 강하게 전정하여, 아랫부분에서 가지가 많이 나오도록 해 줍니다. 그 해에 자란 신초에 꽃눈이 생기므로 낙엽기에 전정하면 꽃눈을 신경 쓰지 않고 전정할 수 있습니다.

번식법에는 실생과 삽목의 두 가지 방법이 있으며, 일반종은 종자로도 가능하나 겹꽃종은 삽목으로 번식시킵니다. 실생은 가을에 수확한 종자를 모래에 섞어 땅속에 저장한 후 이듬해 봄에 파종합니다. 삽목은 이른 봄 눈이 움직이기 전에 실시하며, 전년도에 자란 충실한 가지를 15㎝ 내외로 잘라 밭에 10㎝ 정도의 간격으로 삽목합니다. 뿌리가 내리면 다음 해 여름부터 꽃이 피고, 꽃이 지고 나서 가을에 가지를 쳐 주면, 밑에서 가지가 많이 나와 보기 좋은 산울타리가 됩니다. 무궁화는 정원수 또는 생울타리로 식재되는 이외에 종이 원료로 이용되기도 합니다.

박꽃은 노인

한복판을 가르면 물 뜨는 바가지요
속만 파내면 술 담는 표주박
너무 크면 무거워 떨어질까 근심인데
애동이로 있을 때 쪄 먹어도 좋으리

박(*Lagenaria siceraria*)의 원산지는 북아프리카로, 학명에서 Lagenaria는 라틴어 lagena(병), siceraria(술에 취하다)에서 유래되었습니다. 가장 오래된 재배식물이며 전 세계적으로 기원전 유적에 재배 흔적이 남아 있습니다. 우리나라에서는 신라의 시조인 박혁거세가 박처럼 생긴 알에서 태어났다고 하여 성을 박으로 지었다는 『삼국유사』의 기록으로 보아 신라 이전부터 재배했을 것으로 추측됩니다.

John Singer Sargent, <박>, 1905

박은 포복 1년생의 자웅동주로, 덩굴의 신장이 왕성하고 뿌리는 얕게 옆으로 퍼집니다. 덩굴 마디마다 잎겨드랑이에서 긴 꽃대를 내고 그 위에 꽃을 올리는데, 박꽃은 다른 꽃과 달리 해가 지면 위를 보고 피기 시작해 아침에 해가 뜨면 집니다. 암꽃이 수꽃보다 드물며 크기도 작고 또 꽃대도 작습니다. 수정 후 과실이 비대해지는데 처음에는 길이로 신장하다가 점차 과폭이 비대하여 원형에 가까워집니다.

저온에서는 쓴맛이 생기므로 미숙과를 이용하는 경우는 온난한 지역에서 재배해야 합니다. 품종의 분화는 없으며 과형은 둥근 것과 긴 것으로 구분되고, 과피의 색은 푸른 것과 흰 것으로 분류되며, 관상용으로 이용되는 표주박은 변종으로 구분하고 있습니다. 수박이나 참외 재배에서 대목으로 이용하기도 합니다. 박은 오래전부터 미숙과는 채소로 이용하고 완숙된 것은 삶아 말려 바가지로 이용하였습니다.

문일평은 『화하만필』에서 "「화편」[28]에 박꽃은 노인이요, 석죽화는 소녀이라 하였으니 그러면 박꽃은 과연 노인인가. 할미꽃이 구부러진 것으로 이름을 얻은 것과 같이 박꽃이 하얗기 때문에 노인의 이름을 얻었는지 모르거니와 요새 유행하는 동요에는 박꽃을 소녀에 비하였다.

푸른 치마 밑에서 얼굴 감추고
해님 보고 내외하던 박꽃 아가씨
달님 거동 바라보고 곱게 단장해
이슬 총각 입 맞추며 방끗 방끗

이 가요에 나타난 박꽃은 「화편」에 있는 박꽃 그것과는 정반대로 아가씨라 하였으니 그러면 노인과 아가씨 어느 것이 가할까. 나는 박꽃에 대하여 구태여 노소(老少)의 가부를 논하려 아니하고 박꽃은 박꽃대로 즐기며 감상하는 것이 한층 더 자연스러울 줄로 생각한다."고 하였습니다.

또한 그는 시골집의 지붕 위나 울타리 위에 여름부터 피기 시작하여 가을까지 피는 박꽃은 확실히 특색 있는 꽃으로, 시인이 시골집을 노래할 때는 반드시 이 박꽃을 포함시킨다며 연암 박지원(1737~1805)의 시를 인용하기도 합니다. 그리고 박꽃이 비록 다른 이름난 꽃처럼 훌륭한 꽃의 목록에 열거되지는 못하지만, 농촌과는 서로 떠나지 못할 관계를 지

---

28 花編, 꽃을 내용으로 한 시조를 말합니다.

닌 아름다운 꽃 중에 하나인 것만은 사실입니다. 아침에 피는 나팔꽃도 좋지만 저녁에 피는 박꽃은 어스름 달빛 아래서 가장 보기에 좋다고 기술했습니다.

대부분 가꾸어지고 있는 것은 흰 꽃의 박이나, 붉은 꽃의 박도 있으며, 고온과 강한 햇볕을 좋아합니다. 5월 상순에 씨앗에 상처를 내서 하룻밤 동안 물에 담갔다가 묘판에 뿌립니다. 떡잎이 완전히 펴졌을 때 울타리 등에 정식합니다.

배꽃은
흰 눈처럼
향기로워라

가지 위에 눈이 쌓여 빛나는가 했더니

맑은 향기 풍겨 오매 꽃인 줄 알았네

겨울 매화 능멸하듯 구슬 빰이 깨끗하고

화사한 살구꽃의 붉은 꽃잎 비웃는구나

푸른 나무에 날아오르니 보기가 수월하고

흰 모래에 떨어지니 분간하기 어렵구나

예쁜 여인 비단 소매 걷고 흰 팔 드러내고서

방긋방긋 웃는 듯 마음 몹시 녹여 주네

배나무(*Pyrus pyrifolia var. culta*)의 원산지는 중국 서부와 남서부의 산지로 추정되고 있습니다. 여기에서 한쪽은 동쪽으로 동아시아를 경유하여 한국과 일본으로 전파되고, 다른 한쪽은 서쪽으로 전파되어 중앙 아시아, 내륙 아시아, 지중해 연안, 서부 유라시아 등으로 전파되었습니다. 배나무는 오랜 기간 종 분화 과정을 거치면서 진화되어, 현재와 같은 다양한 모습이 된 것으로 생각됩니다. 일반적으로 생식용으로 재배하는 배나무속 식물로는 남방형 동양배와 북방형 동양배 및 서양배 등 3종류가 있으며 종에 따라 그 성상이 각기 다른 것으로 조사되고 있습니다. 우리나라에서 배나무 재배 기록은 신라 때부터로, 『춘향전』에는 이미 '청실리'라는 품종명이 나오는 등 일반적인 재배가 성했던 것으로 추측됩니다.

장미과에 속하는 배나무는 잎보다 꽃이 먼저 핍니다. 하얀 배꽃을 이화(梨花)라고 합니다. 돌배나무의 한자는 리(梨)입니다. 현재 우리가 만나는 배나무는 개량종이므로, 한자에서 말하는 배나무는 요즘의 배나무가 아니라 산에서 만날 수 있는 돌배나무를 말합니다. 식물도감에도 배나무 항목은 없고, 돌배나무 항목이 있습니다.

배는 또한 이름 봄에 피는 하얀 꽃이 아름다워 일찍부터 시인 묵객의 주목을 받았습니다. 배꽃은 복사꽃, 오얏꽃과 함께 봄을 상징하는 꽃 중 하나였습니다. 일찍이 이백은 「궁중행락사(宮中行樂詞)」중에서 "이화백설향(梨花白雪香, 배꽃은 흰 눈처럼 향기로워라)"라 읊었습니다.

문일평은 『화하만필』에서 백거이(白居易)의 「장한가(長恨歌, 806)」 중 한 구절인 '이화일지춘대우(梨花一枝春帶雨, 배꽃 한 가지가 봄비에 젖은 듯하네)'를 인용해 "비에 젖은 이화를 빌어 양귀비의 처절하게 아름다운 옥같이 고운 용모를 그려 낸 것"이라 하였습니다.

이는 절세미인인 양귀비가 눈물을 흘리고 있는 모습을 형용한 말로, 양귀비와 현종의 관계를 '비익조와 연리지'로 비유하곤 합니다. 즉, 하늘에서는 비익조(比翼鳥)로 짝짓기를 원하고 땅에서는 연리지(連理枝)가 되기를 바란 것입니다. 비익조는 암수가 각기 눈과 날개가 하나밖에 없어서 둘이 합쳐져야 날 수 있다는 전설의 새이고, 연리지는 각기 다른 뿌리를 가진 나무의 가지가 하나가 되어 붙은 것을 가리킵니다. 즉, 떼려야 뗄 수 없는 사이라는 말입니다.

이화(梨花)에 월백(月白)하고 은한(銀漢)이 삼경인제
일지춘심(一枝春心)을 자규(子規)야 알랴마는
다정(多情)도 병(病)인 양하여 잠 못 들어 하노라

너무나도 유명한 시조인 고려 후기의 문신 이조년(李兆年, 1269~1343)의 「다정가(多情歌)」입니다. 이조년과 관련해서는 형제들의 이름이 백년, 천년, 만년, 억년, 조년의 순으로 되어 있다는 것과, 예전에 초등학교 교과서에 실렸던 형제의 우애를 상징하는 이야기로도 유명합니다.

형제가 길을 가다가 금덩이를 주워 하나씩 나누었는데 나룻배를 타고 한강을 건너던 중 동생이 금덩이를 물속에 던졌습니다. 형이 깜짝 놀라 그 이유를 물어보니 금덩이를 줍고 나서 혼자서 차지했으면 하는 욕심이 생겨 형이 원망스러워졌는데 버리고 나니 마음이 시원하다는 것이었습니다. 이를 듣고 형도 네 말이 옳구나 하며 금덩어리를 강물 속에 던졌다고 합니다. 이때의 동생이 바로 조년이었고 형은 억년이었습니다. 고려 공민왕 때 이야기로 강서 한강공원에는 이를 형상화한 조형물이 세워져 있습니다.

빈센트 반 고흐, <꽃 핀 배나무>, 1888

배나무는 환경 적응력이 높아 종류도 많습니다. 우리가 흔히 먹는 개량종 참배나무 외에 돌배나무, 산돌배나무를 비롯하여 청실배나무, 문배주로 알려진 문배나무 등 다양합니다. 우리가 산에서 흔히 볼 수 있는 작은 배가 열리는 나무는 대체로 돌배나무 아니면 산돌배나무입니다. 돌배나무는 주로 중부 이남에서 자라고 꽃받침 없이 뾰족하며 열매는 다갈색입니다. 반면 산돌배나무는 중부 이북에서 주로 자라고 꽃받침이 달려 있고 잎이 둥글며 열매는 황색으로 익습니다.

산에서 따 먹던 돌배는 멀리 삼한 시대부터 집 주위에 한두 포기씩 심으면서 과수로 자리매김했습니다. 사람들은 자연스레 돌배나무 중 굵은 열매가 열리고 맛이 좋은 것을 골라 심었고, 시간이 지나면서 청실배, 백운배, 문배, 황실배, 함흥배 등 이름을 날리는 품종이 생겨났습니다.

팔만대장경 경판으로 사용된 돌배나무

돌배나무(*Pyrus pyrifolia*)는 산과 마을 근처에서 야생으로 자라는 배나무로 중부 지방 이남의 습한 골짜기에서 잘 자랍니다. 예전에 배나무라고 부르던 것은 돌배나무·산돌배나무·문배나무 등 엇비슷한 배나무 종류를 통틀어서 부르던 이름입니다. 봄에 붉은빛을 띤 꽃봉오리가 터지면서 피는 지름 3㎝ 정도의 흰색 꽃이 나무를 뒤덮어서 대단히 아름다우며, 배나무 꽃의 단순한 색감보다 관상 가치가 높습니다. 가을에 조금 진한 갈색으로 익는 열매는 지름이 5㎝ 정도 되고 먹을 수 있지만, 쓴맛이 나고 과육이 많지 않습니다. 9월에 익는 열매는 대부분 잘게 썰어 말린 뒤 약으로 복용합니다. 이 열매는 배와 마찬가지로 갈증을 해소하며, 열을 다스리거나 변비에도 효과가 있습니다.

이 돌배나무는 해인사 팔만대장경 경판 제작에 사용된 나무 중의 하나일 정도로 재질 또한 우수합니다. 중국과 일본에서도 자라는 돌배나무는 한국식 정원에도 잘 어울려 우리나라 궁궐에서도 흔히 볼 수 있는 나무입니다. 가정집 정원에서는 관상수나 분재로 감상할 수 있습니다.

돌배나무는 추위에 약해 중부 이남에서 생육이 가능한데, 돌배나무의 어린 묘목을 배나무의 대목으로 사용하기 위해 심는 경우가 많습니다. 가정에서는 좋은 묘목으로 키우는 것이 좋지만, 꺾꽂이나 뿌리 삽목, 종자로 번식이 가능합니다. 종자 번식은 가을에 수확한 종자의 과육을 제거하여 모래와 섞어 땅속에 보관한 후 이듬해 봄에 파종합니다.

산돌배(*Pyrus ussuriensis*)는 장미과 배나무속에 속하는 낙엽성 교목입니다. 산돌배나무는 중부 이북의 산지에서 자랍니다. 높이는 3~5m 정도이고, 잎은 어긋나며 꽃은 4~5월에 잎과 같이 흰색으로 핍니다. 열매는 10월에 둥글게 이과로 여무는데, 크기는 3~4㎝정도입니다. 산돌배는 일반 배보다는 맛이 없지만, 신물과 단물이 배어 있어 효소로 담가 먹으면 좋습니다. 최근에는 산돌배나무 잎 추출물이 아토피 가려움증 완화에 효과가 있다는 연구 결과가 환경부 소속 국립생물자원관에서 나오기도 했습니다.

배나무 심고 키우기

배나무는 과수원에 심습니다. 낙엽 활엽 교목으로 높이는 5~8m 정도이고, 잎은 어긋나며, 반질반질하고 가장자리에 둔한 톱니가 있습니다. 꽃은 4월에 잎과 함께 흰색으로 피고, 열매는 9~10월에 둥글고 껍질은 연한 갈색이지만 속은 흰색입니다. 우리나라에서 주로 재배하는 일본배는 돌배나무를 개량한 품종입니다.

내한성이 강하며, 배수가 잘되는 비옥한 토양에서 생장이 양호합니다. 해가 잘 비치고, 고온다습한 곳에서 재배하기 좋습니다. 배나무를 가정에서 키우려면 3~7년생 묘목을 분양받아 키우는 것이 가장 좋습니다. 퇴비와 부엽토를 많이 넣은 흙에 묘목을 심습니다. 이식하는 것을 싫어하고 배나무에 병을 옮기는 중간 숙주 역할을 하는 향나무 곁에 심어서는 안 됩니다.

궁합이 맞는 다른 품종의 화분으로만 수분하므로 심을 때에는 교배 화합성이 있는 품종을 두 종류 이상 심습니다. 좋은 열매를 맺게 하기 위해서는 인공 수분을 합니다. 기온이 15℃ 이상인 날에 막 개화한 꽃으로 합니다. 적과는 개화 후 2~3주 내인 5월 중순경에 합니다. 여름의 고온건조기에는 나무 주위에 몇 군데 구멍을 파고 수확 10일 전까지 주 1회 물을 줍니다. 배는 익을수록 당분이 증가하므로 껍질의 색이 잘 나오고 나서 수확합니다.

또 배나무를 키울 때는 가지치기에 신경을 써야 하는데 보통 3월 초봄과 6월 초여름에 실시합니다. 가지치기를 할 때는 늙은 가지를 쳐 주는 것이 좋습니다. 늙은 가지는 굵고 단단하기 때문에 가지치기를 하지 않으면 추후 관리에 어려움이 발생합니다. 위로 쭉 뻗은 가지에는 열매가 맺히기 어렵고, 맺혀도 바람으로 떨어지기 쉽습니다. 인공 수분과 적과, 전정이란 작업을 적절히 해야만 품질이 좋은 과실을 해마다 수확할 수 있습니다.

번식은 종자, 삽목, 접목으로 합니다. 돌배나무 종류는 종자로 번식시켜도 되지만 배를 얻기 위한 특별한 품종을 심을 때는 삽목을 하거나 접목을 합니다. 가을에 수확한 종자를 모래와 섞어 땅속에 저장한 후 이듬해 봄에 파종하면 번식이 가능하고 삽목으로도 번식이 가능합니다. 정원이 없는 경우에는 분에 심어 키우기도 합니다.

휴면지 접목은 1~3월에 충실한 전년지를 접수로 사용하여 절접을 붙입니다. 대목은 돌배나무 1~3년생 실생묘가 좋지만, 구하기 어려운 경우도 있으므로 배를 먹으면 종자를 버리지 말고 바로 파종해서 미리 대

신명연, <배꽃 아래 흰 제비>, 조선 후기

목을 준비해 두는 것이 좋습니다. 햇가지 접목은 6~8월이 적기이며, 충실한 햇가지를 접수로 사용하여 절접을 붙입니다. 접을 붙이는 방법은 휴면지 접목과 같습니다.

『동국이상국집』에도 「접과기(接菓記)」가 등장합니다. 이규보의 선친 때 키다리 전씨(田氏)에게 배나무 접을 붙이게 한 이야기입니다. 조선 시대 박세당이 지은 『색경(穡經)』에는 배나무를 접붙이는 방법이 나와 있습니다. "접붙이기를 하면 특히 빨리 자란다. 접붙이는 방법은 산앵두나무나 팥배나무를 써서 접붙이기를 한다. 싹이 막 피어나려 하는 것이 가장 좋은 때이고, 싹이 벌어지고 난 다음에는 좋지 않은 때이다."

배는 사과와 더불어 생식용 과일의 대표적인 과종으로 널리 이용되고 있으며 요리 재료로도 많이 쓰입니다. 실제로 쇠고기 육회에는 배를 채 내어 섞어 먹고, 갈비찜이나 고기 요리에도 배즙을 첨가하여 맛을 내며, 김치나 동치미를 담글 때도 배를 넣으며 냉면에도 배 조각을 넣는 것이 관례입니다. 또한 술, 과즙음료 등 가공식품으로도 활용되고 있습니다.

배에는 피로 회복에 도움이 되는 아스파라긴산, 고혈압에 효과가 있는 칼륨 등이 포함되어 있습니다. 배를 고를 때는 꼭지가 꼿꼿하고 과일은 단단하고 팽팽하며 중량감이 있는 것을 고릅니다. 윤이 나고 싱싱한 것이 좋습니다.

배나무는 식용과 약용 외에도 꽃이 필 때는 꿀이 많이 나서 양봉업자들에게 환영을 받으며, 목재는 매끄러우면서도 단단하여 예전에는 염주알이나 다식판 등을 만들었고 주판알과 각종 기구재, 책을 만드는 판목(版木)으로도 쓰였습니다.

배를 타고
복사꽃 피는
마을을 찾아서

어쩌면 좋을까 저 붉은 복사꽃

아름답게 대밭가에 피었구나

가지에 가득한 꽃 피를 뿌린 듯

나무 사이로 비치는 꽃 피어오르는 안개인 듯

그림자는 신선을 찾는 길에 떨치고

향기는 사위 택하는 수레에서 난다[29]

이 봄에 구경하지 못하면

비바람 진흙 모래에 떨어지리

---

29 당나라 때 진사(進士)에 합격한 사람들을 곡강(曲江)에 모아 놓고 잔치할 때에 공경(公卿)들 집에서 자개로 조각한 수레에 구슬 안장을 걸고서 사윗감을 골랐다 합니다.

복사나무(*Prunus persica*)는 장미과에 속하는 낙엽성 소교목으로 중국 서부 지역이 원산지입니다. 일찍 페르시아로 건너가 그곳에서 세계 각지로 퍼졌다고 합니다. 높이는 3~6m 정도이고, 잎은 어긋나고 가장자리에 톱니가 있습니다. 중국에서는 기원전 400년경부터 재배하여 10세기에 좋은 품종으로 개량했다는 기록이 있으며, 17세기에는 품종에 대한 기록까지 나와 있습니다. 우리나라에는『삼국사기』에 복사나무가 등장할 만큼 오래전부터 재배해 왔으나 본격적인 재배가 이루어진 것은 구한말 이후입니다. 물론 요즘 우리 주위에서 볼 수 있는 것은 삼국 시대의 복사나무가 아닙니다. 삼국 시대의 복사나무는 열매가 아주 작은 야생 복사나무입니다.

복사나무란 이름은 복숭아나무가 변해서 만들어졌으며, 꽃 모양새가 벚나무, 살구나무 등과 매우 비슷합니다. 꽃은 4월에서 5월에 걸쳐 잎보다 먼저 피거나 거의 비슷한 시기에 핍니다. 지름 3㎝ 정도의 매혹적인 분홍빛 꽃잎을 달고 있으나 품종에 따라 조금씩 색이 다릅니다. 8~9월에 둥글게 연분홍색의 핵과로 익는 열매의 껍질에는 털이 많고, 씨앗은 과육에서 잘 떨어지지 않습니다. 복사나무는 정원수는 물론 분재나 꽃꽂이를 위한 절화로도 쓰입니다. 흰 꽃잎이 다섯 장이면 백도, 꽃잎이 여러 겹이면 만첩 또는 천엽 백도입니다. 홍도는 진분홍색의 겹꽃으로 꽃송이가 크고 아름다우며 삼색도라는 품종은 한 나무에 둘 내지 세 개의 꽃빛을 띠기도 합니다.

현재 중국에서는 원예품종을 포함해 약 3백 종 정도가 있다고 하는데, 대략 과실을 따기 위한 식용 복사나무와 꽃의 아름다움을 즐기는 관상용 복사나무로 나뉩니다. 식용 복사나무는 초여름부터 가을에 걸쳐서 열매를 맺고, 관상용은 겹꽃잎인 경우가 많고, 꽃빛깔도 백색, 분홍색, 심홍색, 홍백색 등 다양합니다.

숲속의 동굴을 지나 발견한 무릉도원

복사나무의 열매인 복숭아도 사람을 유혹하지만, 꽃도 열매 못지않게 사람들을 유혹합니다. 복사꽃을 가장 상징적으로 보여 주는 말은 무릉도원(武陵桃源)으로, 무릉도원은 별천지를 의미합니다.

동진시대의 도연명(陶淵明, 365~427)은 국화로도 유명하지만 그가 꿈꾸던 이상향은 무릉도원이었습니다. 그가 쓴 『도화원기(桃花源記)』에는 무릉지방의 한 어부가 복사 꽃잎이 떨어지는 숲속의 동굴을 지나 낯선 사람들이 평화롭게 사는 마을을 발견해 극진한 대접을 받고 돌아와 태수에게 보고했는데, 태수가 사람들을 시켜 그곳을 다시 찾았으나 끝내 찾지 못했다는 내용이 소개되어 있습니다. 이후 무릉도원은 신선 같은 사람들이 사는 신비의 세계로 서구의 유토피아와 같이 이상향으로 받아들여지게 되었습니다.

당나라의 대표적인 시인으로 시선(詩仙)이라고도 불리는 이백은 그의 시 「산중문답(山中問答)」에서 도연명의 무릉도원을 "별유천지비인간(別有天地非人間)"이라 노래한 바 있습니다.

조선 시대 초기의 화가 안견(安堅)이 그린 「몽유도원도(1447)」는 안평대군(1418~53)이 꿈속에서 거닐었던 복숭아 꽃밭을 그림으로 표현한 무릉도원입니다. 이 「몽유도원도」는 보통의 두루마리 그림과 달리 왼쪽 하단부에서 오른쪽 상단부로 펼쳐지는 구성으로, 왼쪽에는 현실 세계가 오른쪽

안견[30], <몽유도원도>, 1447

에는 꿈속 세계가 그려져 있습니다. 또한 이 그림에는 안평대군을 비롯해 신숙주, 이개, 정인지, 김종서, 박팽년, 성삼문 등 20여 명의 글과 시가 남아 있습니다. 이 그림은 현재 일본 덴리(天理)대학 중앙도서관에 소장되어 있는데, 1986년 우리나라의 국립중앙박물관에서 처음 전시될 때 감상한 적이 있습니다.

장미과에 속하는 복사나무의 한자는 도(桃)입니다. 이 나무에 꽃이 많이 피고 열매가 많이 열리므로, 나무 목(木)변에 억(億)보다 한 단위 높은 조(兆)자를 붙인 것입니다. 복숭아가 익을 무렵에는 열매를 따 먹으려 오는 사람이 많아 자연스럽게 길이 생기는 법입니다. 그래서 생긴 말이 '도리불언 하자성혜(桃李不言 下自成蹊)'입니다. 복사나무와 자두나무는 말하

---

30 안견은 세종 때에 도화원(圖畫院)의 종6품 벼슬인 선화(善畵)에서 체아직(遞兒職)인 정4품 호군(護軍)으로 승진하였는데, 이는 화원으로서 한품(限品)인 종6품의 제한을 깨고 승진한 최초의 예가 됩니다. 그는 산수화에 가장 뛰어났지만, 그 밖에도 초상(肖像)·화훼(花卉)·매죽(梅竹)·노안(蘆雁)·누각(樓閣)·말(馬)·의장도(儀仗圖) 등 다양한 소재를 그렸습니다. 회화사에서 안견과 그를 추종한 많은 화가들을 합쳐서 안견파라고 지칭합니다. 이들의 영향은 일본의 무로마치시대(室町時代) 수묵화 발전에도 적지 않은 기여를 하였습니다.

지 않아도 나무 밑에 저절로 길이 생긴다는 뜻으로, 덕이 있는 사람은 잠자코 있어도 그 덕을 사모하여 사람들이 따른다는 의미입니다.

복숭아꽃은 우리 조상들이 가장 좋아하였던 꽃 중의 하나였습니다. "나의 살던 고향은 꽃 피는 산골, 복숭아꽃, 살구꽃, 아기 진달래"로 시작하는 '고향의 봄'에서도 보듯이, 옛날 우리나라에서는 봄이 되면 진달래·개나리꽃과 함께 복숭아꽃·살구꽃이 유명하였습니다. 특히 복숭아꽃은 살구꽃과 함께 유실수의 꽃이었기 때문에 집 주위에 많이 심어서 더욱 우리 선인들의 생활과 가까웠습니다. 구한말에는 『황성신문』에서 이 꽃으로 나라꽃을 삼는 것이 어떠냐는 주장을 할 정도였습니다.

장수의 상징인 천도

장수의 상징으로서의 복숭아는 보통 천도(天桃)라고 했습니다. 복숭아는 장수를 상징하는 나무입니다. 중국 그림을 보면 복숭아꽃이나 열매가 많이 나오는데 대부분 장수를 기원하는 뜻입니다. 또한 도연명의 『도화원기』에서 유래하여 이상향을 나타냅니다.

복사꽃은 봄의 아름다움을 상징하는 이름난 꽃으로 살구꽃과 마찬가지로 여성적인 꽃입니다. 다만 살구꽃의 아름다움이 요부형(妖婦型)이라고 한다면, 복사꽃의 아름다움은 염부형(艶婦型)이라 합니다.

복숭아는 벽사(僻邪)의 기능을 합니다. 벽사는 귀신을 물리친다는 뜻입니다. 그래서 과실 중에 제사상에 오르지 못하는 게 복숭아입니다. 보기에 좋고 맛도 있으나 귀신을 쫓는 힘이 있다는 속설 때문에 제사에는 쓰지 못한다고 합니다. 사악한 기운이나 귀신을 쫓는 벽사의 도구로 사용

안중식[31], 〈배를 타고 복사꽃 마을을 찾아서〉, 1915

되었는데, 복숭아 나뭇가지나 나무로 만든 빗자루, 인형, 활, 도장 등이 그것입니다.

---

31 안중식(1861~1919)은 다양한 분야의 그림과 글씨에 뛰어난 선비 출신의 화가입니다. 장승업(張承業) 밑에서 그림을 배웠습니다. 왕의 초상화 제작에 참여할 정도로 실력을 인정받아, 조선 말기에서 근대에 이르기까지 화단에 지대한 영향을 미쳤습니다. 이 그림의 화면 위쪽에 적힌 "을묘년 늦은 봄 심전 안중식(時乙卯暮春心田安中植)"이라는 글을 통해 1915년, 즉 안중식의 만년기 작품임을 알 수 있습니다.

복숭아나무 심고 키우기

꽃이 아름답고 열매는 과일로 먹을 수 있는 복숭아나무는 마을 주변이나 동산에 오래전부터 심어 왔습니다. 햇볕에서 잘 자라는 나무로, 습기가 있고 배수가 잘되는 적당히 비옥한 토양이라면 어떤 곳에도 식재할 수 있습니다. 이식은 2~3월에 하는데, 뿌리를 내리는 힘이 강해 이식이 용이하지만 추운 지방에서는 잘 자라지 않으므로 중부 이남 지방에서 키워야 합니다.

만첩 백도와 만첩 홍도는 화분이나 분재로도 키울 수 있는데, 나뭇가지가 뻗어 나가는 형상이 기이하고 아름다워 이들 분재들은 큰 인기를 얻고 있습니다. 가정에서는 묘목으로 키우는 것이 좋지만 종자로도 번식할 수 있습니다. 복사나무 종류는 성장이 빠르고 꽃이 아름답지만 병충해에 약한 단점이 있습니다.

복숭아는 열매가 잘 맺히도록 인공 수분을 하고, 과실을 크고 달게 하기 위해 적과 후에 봉지를 씌웁니다. 겨울에 전정을 하고, 적심과 가지 비틀기는 여유가 있으면 합니다. 꽃눈은 잎눈보다 크므로 외관으로 구별이 됩니다. 기본적으로 가지의 길이에 관계없이 열매를 맺지만, 30㎝ 이하의 단과지나 중과지에 꽃눈이 붙기 쉽고, 과실의 품질도 좋은 경향이 있습니다. 단과지나 중과지를 많이 생기게 하기 위해서는 전정 시에 남은 가지의 끝을 4분의 1 정도 잘라 주면 효과적입니다.

휴면지 접목은 1~3월에 충실한 전년지를 접수로 사용하여 절접을 붙입니다. 대목은 복사나무 1~3년 실생묘가 가장 좋지만, 자두나무 삽목묘, 앵두나무 실생묘 또는 삽목묘도 가능합니다. 대목의 수피와 목질부 사이를 쪼개어 대목과 접수의 형성층이 서로 맞도록 꽂은 후, 접목용 광

빈센트 반 고흐, <꽃 피는 복숭아 나무>, 1888

분해테이프로 묶어 줍니다. 신초 접목은 6~9월에 충실한 햇가지를 접수로 사용하여 절접을 붙이며, 눈접도 용이합니다. 복숭아를 먹고 난 후에 씨에 붙은 과육을 흐르는 물로 씻어 내고, 적당한 곳에 파종해 두면 봄에 발아합니다. 그대로 키우면 신초 접목의 대목으로 사용할 수 있습니다.

복숭아의 품종은 다양하나 과육과 씨가 쉽게 떨어지는 이핵과와 잘 안 떨어지는 점핵과로 나누기도 하는데, 이는 통조림과 관계가 있습니다. 과육의 색에 따라 살이 흰 백도와 노란 황도로 나누어지며, 또 털복숭아와 털이 없고 매끄러운 유도로 분류하기도 합니다. 우리나라에서 재배되고 있는 복숭아 중에는 백도가 가장 많은데 과육이 부드럽고 단맛이 강하며 과즙이 많습니다. 황도는 생산량이 적으며 주로 통조림용으로 쓰이고 있습니다.

복숭아는 생식용으로 많이 이용되고 있으며 잼, 주스, 술, 통조림 등 가공식품의 재료로도 이용되고 있습니다. 복숭아의 주된 영양성분은 과당으로 에너지로 바뀌기 쉬워 피로 회복 효과가 높고, 수용성 식이 섬유도 풍부해 정장 작용이 있습니다. 복숭아를 고를 때는 전체가 짙은 홍색이고, 물든 부분에 흰 반점이 있으면 좋습니다. 백도라면 연하고 깨끗하며 흰색인 것을 고릅니다. 너무 차면 단맛과 향이 떨어지므로 기본적으로 상온에서 보관합니다.

봉황이 나는 듯한 모습의 봉선화

희고 붉게 얽힌 빛이 매우 기이하다

무정한 비바람아 이를 뒤흔들지 말라

일찍이 덕을 보아 천 길 높이에서 내리더니[32]

도리어 꽃이 되어 한 가지에 피었구나

오색의 비단 색깔 네 이미 갖췄건만

구성의 풍악이야 어찌 알까보냐[33]

교태를 가지고서 잎 속에 숨지 말라

네 모양을 묘사하여 시를 지을까 하노라

---

32 봉선화(봉상화)를 봉황에 비유한 말로, 옛 글에 "봉황이 천 길 높이에서 날아옴이여, 덕이 빛남을 보고 내려온다."에서 유래했습니다.

33 구성의 풍악은 아홉 번 연주하는 풍악으로 『서경(書經)』에 "소소를 아홉 번 연주하니 봉황새도 날아와 춤을 추었다."에서 유래하였는데, 봉황은 소소의 풍악을 알아들을 수 있겠지만 봉선화(봉상화)야 어떻게 풍악을 들을 수 있겠느냐는 뜻입니다.

봉선화과의 한해살이풀인 봉선화(*Impatiens balsamina* L.)는 봉숭아라고도 합니다. 줄기가 똑바로 서며 높이는 40~100㎝이고 즙이 많은 다육질입니다. 꽃은 7~10월에 잎겨드랑이에서 1~3개씩 피며 꽃 색깔은 다양합니다. 열매는 둥근 타원형 모양이며 익으면 5갈래로 터져 씨가 튀어나옵니다.

봉선화의 원산지는 인도, 말레이시아 및 중국으로 지금은 전 세계에서 널리 재배하고 있는 원예식물입니다. 우리나라에 전래된 연대는 확실하지 않지만 퍽 오래된 것으로 짐작되며, 고려 때 이미 널리 사랑받던 꽃이었습니다. 봉숭아는 우리말 이름이고, 한자 이름인 봉선화(鳳仙花)는 고려 시대의 기록에는 보이지 않습니다. 대신 봉상화(鳳翔花)란 이름이 보입니다. 물론 그 뜻은 봉황이 나는 듯한 꽃이란 것입니다.

고려 후기인 1241년에 간행된 『동국이상국집』에 "이상국(李相國)과 박학사(朴學士)가 함께 방문하였으니 바로 칠월 이십오 일이다. 이때 집 정원에 봉상화(鳳翔花)가 만발하였으므로" 운을 불러 시를 짓고 화답하였다는 기록이 나오는데, 앞에 소개한 시가 바로 이날 지은 시입니다.

그리고 이규보는 이상국이 화답한 시에 대해 다시 "내 집엔 본래부터 기이한 꽃 없었는데 / 어느날 옮겨 심어 비단처럼 펼쳤는가 / … 붉은 꽃송이 짙은 꽃술은 멀리서도 보이고 / 뾰족한 부리 풍만한 가슴은 만져 봐야 알겠네"라고 하였습니다.

또 박학사가 화답한 데 대해서는 "봉황이라 이름 지은 것 실로 기이하다 / 두 날개 완연히도 채색 무늬 펼친 듯 / … 만취하여 돌아갈 제 그 꽃가지 꽂고 싶네 / 봉황이 나라의 상서[34]라 한다면 / 봉상화는 어찌 집의

34 祥瑞, 길조를 의미합니다.

신사임당, <초충도 - 봉선화와 잠자리>, 조선 중기

상서 아니랴"고 각각 화답하고 있습니다. 이를 보면 당시에 이미 봉상화란 이름으로 봉선화가 널리 재배되었던 것 같습니다.

봉상화란 이름은 중국에서는 사용하지 않은 우리만의 고유한 이름이었습니다. 그런데 고려와 조선 초에만 보이고 그 이후로는 사라지고 말았습니다. 아마 봉선화(鳳仙花)란 한자 이름이 중국에서 들어와 널리 사용되면서 그 이름이 사라지지 않았나 싶습니다. 봉선화란 이름은 조선 전기에 강희안이 쓴 『양화소록(養花小錄)』의 「화목구품」에 처음 나타납니다.

화목구품에서는 봉선화를 9품에 넣었고, 조선 후기 유박(柳樸, 1730~1787)이 쓴 『화암수록(花菴隨錄)』의 「화목구등품제」에서는 8등에 넣고 있습니다. 등급이 낮기는 하지만 고려 시대부터 조선 시대에 이르기까지 봉선화가 줄곧 우리 곁에 함께하고 있었음을 확인할 수 있습니다.

여름 내내 곁에 있는 꽃

봉숭아는 초여름에 꽃이 피어 여름 내내 우리 곁에 있습니다. 울타리, 화단, 장독대 주변에 열을 지어 오색 꽃을 피웁니다. 옛사람들은 그 꽃을 보고 상서로운 새인 봉황(鳳凰)의 모습을 상상했습니다. 그래서 봉황의 봉(鳳)자로 꽃 이름을 지었습니다.

문일평은 『화하만필』에서 "『군방보(群芳譜)』에는 봉사꽃의 명칭이 생긴 유래를 설명하였으니, 줄기와 가지 사이에서 꽃이 피며 머리와 날개 꼬리와 발이 모두 다 우뚝하게 일어서 봉(鳳)의 형상과 같으므로 봉선화(鳳仙花)라는 이름이 생긴 것이라 한다."고 하였습니다.

봉황은 덕을 갖춘 성인(聖人)이 세상에 출현하면 나타난다는 상서로운 새입니다. 닭의 머리와 뱀의 목, 거북의 등, 제비의 날개, 물고기 꼬리를 갖추었다는 오색이 찬란한 새입니다. 『서경』에 따르면 "순(舜)임금이 창작한 소소(簫韶) 악곡을 아홉 번 연주하자, 봉황이 날아와서 예의를 올렸다."고 합니다. 이규보는 봉상화가 봉황이 변한 꽃임을 위 시에서 상세히 서술하고 있습니다.

울 밑에 선 봉선화야 네 모양이 처량하다
길고 긴 날 여름철에 아름답게 꽃 필 적에
어여쁘신 아가씨들 너를 반겨 놀았도다

문일평은 이 노래를 소개하며, “이것은 요새 여학생들이 흔히 부르는 창가(唱歌)의 일절로서 봉선화, 속어로 봉사꽃은 비록 1년생의 초훼(草卉)이나 여름에 피는 꽃 중에 흔하고도 가장 운치 있는 꽃이다. 어떤 집에 가든지 울 밑 뜰 안에 또는 우물 가에 봉사꽃이 곱게 피었음을 볼 것이요. 어여쁜 아가씨들이 이 꽃을 따서 하얀 손톱에 빨갛게 물 들이는 것을 볼 것이니 이 얼마나 운치 있는 일인가.”라고 기술하고 있습니다.

여기에서 봉선화를 속어로 봉사꽃이라 소개하였는데, 백여 년 전만 해도 봉사꽃이란 말이 널리 쓰인 것 같습니다. 1930년에 주요한(朱耀翰, 1900~1979)의 시조들을 모아 간행한 시조집인 『봉사꽃』의 표지에는 “조선이라 십삼도 방방곡곡이 봉사꽃 아니 핀 집이 없다네.”라는 글이 있습니다.

봉선화는 한민족의 설움과 불굴의 정신을 상징합니다. 봉선화는 김형준 작사, 홍난파 작곡의 「봉선화」로 인해 우리 민족이 수난을 겪던 시절의 설움과 또 어떠한 역경 속에서도 굴하지 않는 민족정신을 상징합니다.

건드리면 톡 터지는 꽃

봉선화의 씨주머니는 익으면 검은빛이 되고 손이 닿기만 하면 힘 있게 튕겨져 진한 갈색의 씨앗이 튀어나옵니다. 이 탄력 때문에 씨앗은 5m 거리까지 멀리 날아가게 됩니다. ‘신경질’ 또는 ‘나를 건드리지 마세요’라는 꽃말을 갖게 된 것도 이 때문입니다.

봉선화의 줄기는 수분이 많은 다육질로 녹색이고 밑부분 마디가 특히 두드러집니다. 잎은 수양버들 잎과 비슷하게 생겨 두 끝이 뾰족하고 가장자리에 톱니가 있습니다. 꽃은 6~9월에 피며 잎겨드랑이에서 한 송이나 서너 송이씩 모여 피어나며 꽃대는 좀 통통하고 곧게 자랍니다. 꽃잎은 톱니처럼 삐쭉삐쭉하며 꽃가루가 있고, 꽃 색은 빨강·하양·분홍·주황·보라색 등으로 홑꽃도 있고 겹꽃도 있습니다. 꽃이 지고 나면 8~10월경에 씨가 맺히는데 씨앗주머니는 둥근 타원형이며 겉에는 털이 보송보송 나 있습니다. 씨주머니 속에는 씨들이 꽉 차 있으며 익으면 짙은 밤색이 되며 건드리기만 해도 뒤로 말리면서 씨가 흩어져 나오므로, 성질이 급하다는 뜻에서 '급성자(急性子)'라고도 합니다.

옛날에 봉선화를 맨드라미와 함께 장독대 부근에 많이 심은 것도 봉선화의 이러한 성질과 관련이 있습니다. 봉선화 씨가 터지는 소리와 사방으로 튀는 씨앗들이 닭 벼슬을 닮은 맨드라미꽃과 어울려 지네를 비롯한 곤충들을 놀라게 해 접근을 막는다고 믿었던 것입니다.

꽃과 줄기에 수분이 많은 봉선화는 물을 충분히 주면 잘 자랍니다. 봄에 서리가 내리지 않게 된 뒤에 씨를 뿌려서 기르는데, 따뜻한 지방에서는 6~7월에 뿌려도 가을에 꽃이 핍니다. 씨앗 크기의 3배 정도로 복토하고 너무 건조하지 않도록 물 주기에 주의하며, 본엽 5~6매의 묘를 약 20㎝ 간격으로 정식합니다.

봉선화의 꽃잎과 잎사귀는 백반, 소금 등을 섞어서 손톱을 빨갛게 물들이는 데 씁니다. 이처럼 손톱을 물들이는 풍속도 봉선화를 따라 중국, 우리나라, 일본으로 퍼진 것 같습니다.

살구꽃,
이 봄에 구경하지 못하면
영원히 한이 되리라

어쩌면 좋을까 저 붉은 살구꽃

꽃동산에는 마음 설레게 하는 것 많다

이슬 젖은 꽃송이 피눈물 뿌린 듯

햇빛 받은 꽃송이 취한 얼굴 무색케 한다

오늘은 꽃이 가득하고

내일은 열매가 가득

이 봄에 구경하지 못하면

영원히 한이 되리라

살구나무(*Prunus armeniaca var. ansu*)의 원산지는 중국으로 과수원이나 집 근처에 심습니다. 장미과에 속하는 낙엽 활엽 교목으로 높이는 5m 정도까지 자랍니다. 개화기는 4월 초순으로 잎이 나오기 전에 연분홍색 꽃이 가지에 직접 핀 것처럼 어우러져 피며 꽃잎은 5개입니다. 꽃자루가 거의 없고 꽃받침 조각은 뒤로 젖혀집니다. 잎은 타원형으로 어긋나고 가장자리에는 겹톱니가 있습니다. 어린 가지는 자줏빛을 띠고 잎자루는 붉은빛을 띱니다. 열매는 핵과로 매실보다 조금 크고 표면에 가는 털이 수없이 밀생해 있으며, 6월경에 약간 붉은색을 띤 황색으로 익습니다.

살구나무의 학명에서 Prunus는 라틴어로 자두를 뜻하는 plum에서 유래하였고, 종명인 armeniaca는 흑해 연안에 있는 아르메니아 지방의 이름에서 유래하였으며, 변종명인 ansu는 '늘어진' 또는 '밑으로 처진'이라는 뜻입니다. 영어 이름은 Apricot입니다.

『산해경(山海經, B.C.400~250)』에 기록이 있는 것으로 보아 중국에서 가장 오래된 재배 역사를 가진 과수라 할 수 있습니다. 그러나 옛날에는 과수라기보다는 복숭아와 더불어 약용식물로서 더 중시된 것으로 보입니다. 우리나라에 처음 들어온 시기는 명확하지 않으나 삼국 시대 이전일 것으로 짐작됩니다. 살구는 복숭아, 자두와 함께 우리 선조들이 즐기던 과일로 예전에는 제사에 올리는 제물로도 빠지지 않았습니다.

살구나무는 매화처럼 잎보다 꽃이 먼저 피지만, 꽃이 피는 시기는 매화보다 늦습니다. 살구나무와 매화나무는 생긴 모습이 비슷하지만 구별하는 방법이 몇 가지 있습니다. 매화나무의 가지에는 가시가 있으며 어린 가지가 녹색이고, 살구나무는 가시가 없고 어린 가지도 갈색입니다. 매화나무는 잎 가장자리에 뾰족한 톱니가 있지만, 살구나무 가장자리에는 불규칙한 홑톱니가 있습니다. 잎의 형태도 매화나무는 조금 뾰족한 타원형이고, 살구나무는 조금 둥그스름한 타원형에 가깝습니다. 꽃의

빈센트 반 고흐, 〈꽃 피는 살구나무〉, 1888

색도 같고 잎보다 먼저 피지만, 매화나무의 꽃잎은 흰빛이 돌며 향기가 강합니다. 매화꽃은 5개의 꽃받침이 꽃을 감싸고 있으며, 살구꽃은 꽃받침이 뒤로 활짝 젖혀져 있습니다. 열매에도 차이가 있어 매실은 약간 타원형이며 녹색이고, 살구는 거의 둥글고 털이 많습니다. 또 열매를 반으로 쪼개면 매실은 잘 쪼개지지 않아 씨에 과육이 남지만, 살구는 씨만 남고 과육이 쉽게 분리됩니다. 또 살구는 노랗게 익으면 땅에 잘 떨어집니다.

『양화소록』의 「화목구품」에 보면 살구꽃은 7품에 들어 있고, 『화암수록』의 「화목구등품제」에서는 6등에 두고 있습니다. 유박은 화목 28우에서 살구나무를 염우(艶友), 즉 고운 친구라 하여 살구꽃 나름대로의 아름다움을 평가해 주고 있기도 합니다.

살구꽃의 별명은 급제화

우리가 고향을 그리면서 흔히 부르던 고향의 노래가 "나의 살던 고향은 꽃 피는 산골, 복숭아꽃, 살구꽃, 아기진달래…"로 시작하듯이 살구꽃은 고향을 생각나게 하는 꽃입니다.

살구는 음력 2월경에 매실 비슷한 분홍색의 꽃을 피웁니다. 그래서 음력 2월을 행월(杏月)이라고도 합니다. 음력 2~3월경에 우아한 꽃을 피우는 모습은 바야흐로 본격적인 봄이 왔음을 알리는 상징으로 사람들에게 친숙했고, 농민들에게는 봄의 파종 시기를 알리는 신호가 되기도 했습니다. 살구꽃은 복숭아꽃과 더불어 우리나라의 봄을 상징하는 대표적인 꽃입니다.

일찍이 공자(孔子, B.C. 551~B.C. 479)가 고향의 행단(杏壇)에서 제자들에게 학문을 가르쳤다는 전설도 있어, 살구는 과거 급제나 학업 성취를 상징하는 꽃이기도 합니다. 이런 점에서 붙여진 살구의 별명이 급제화(及第花)입니다. 옛날 과거의 전시(殿試)는 매년 음력 2월에 실시되는 것이 통례였는데, 이때가 바로 살구꽃이 만발한 시점에 해당합니다. 예전에는 농사가 시작되기 전에 과거를 보았고, 이 과거에 급제하면 임금은 급제자에게 피어난 살구꽃 가지를 꺾어 꽂아 주었는데, 이때의 어사화(御賜花)가 바로 살구꽃입니다. 같은 의미로 남자들이 사랑방에서 쓰는 퇴침[35] 속에

35 退枕, 나무를 상자 모양으로 만들어 서랍을 짜 넣은 베개를 말합니다.

살구씨를 넣어서 달그락 소리를 내게 한 것은 살구를 통해 자연스럽게 과거 급제를 되새기게 하려는 의미라고 합니다.

살구꽃은 만당(晩唐)의 시인 두목지(杜牧之, 803~852)가 노래한 이래 술집과 인연이 있는 꽃입니다. 행화촌(杏花村)이란 살구꽃이 피어 있는 마을이란 뜻도 되지만 그보다는 술집이 있는 마을, 나아가 술을 파는 아가씨가 있는 마을이라는 뜻으로 사용되는 경우가 더 많았습니다.

삼국 시대 오나라의 동봉(董奉, 221~264)이란 의사가 환자를 무료로 치료해 주고 중병에 걸린 사람을 치료했을 때 치료비 대신 살구나무를 심게 했다고 하여 의사를 행림(杏林)이라 불렀습니다.

살구나무 심고 키우기

우리나라의 전역에서 집 근처나 마을 주변에 관상용이나 과수용으로 식재되어 있습니다. 4월에 잎보다 분홍색 꽃이 먼저 피며 꽃잎은 다섯 장입니다. 6~7월에 익는 열매는 맛도 있을 뿐 아니라 관상 가치 또한 높습니다. 창경궁에는 앵두나무와 함께 살구나무가 유난히 많은데, 이른 봄에 피는 꽃이 관상수로서 가치가 높기 때문인 듯합니다.

살구나무는 정원의 경관수 및 유실수로 식재하거나, 넓은 공원에 군식하기도 하며, 병의 치유와 관련된 나무의 상징성을 고려하여 병원의 가로수, 정원수로도 적합합니다.

살구나무는 햇볕을 좋아하며 물 빠짐이 좋은 비옥한 토양에서 잘 자랍니다. 추위와 공해에 강하지만 건조한 땅과 그늘을 싫어합니다. 이식과 식재는 낙엽이 지고 난 후부터 다음 해 봄까지가 좋으며 혹한기는 피합

휘종[36], 〈살구꽃〉, 북송 시대

니다. 낙엽이 진 후에 유기질 비료를 밑거름으로 줍니다. 가정에서 살구나무를 키우려면 묘목으로 키워도 되며, 뿌리가 약하기 때문에 옮겨 심은 다음 물을 많이 주지 말아야 합니다.

과실 재배가 목적일 때는 높이 2~3m 정도에서 중심줄기를 잘라서 나무 크기를 제한하여 키웁니다. 주지를 3~4개 정도 세우고 주지의 작은 가지를 사방으로 뻗게 하여 햇볕이 잘 들게 하고 열매가 열리는 면적을 넓혀 줍니다. 전정은 낙엽기에 하며, 도장지와 불필요한 가지를 잘라 줍

36 휘종(1082~1135)은 북송의 제8대 황제입니다. 예술 방면으로는 북송 최고의 한 사람으로 꼽히지만, 국가의 몰락을 가져온 군주입니다.

니다. 좋은 열매를 수확하기 위해서 열매를 솎아 줍니다. 꽃을 감상하기 위한 경우에는 자연스런 형태로 키웁니다.

번식은 주로 종자와 접목으로 합니다. 6~7월에 완숙된 열매를 채취한 후 과육을 제거하고 젖은 모래와 섞어 노천 매장한 후 봄에 파종합니다. 열매를 목적으로 재배할 때는 3월에 접목으로 번식시킵니다. 휴면지 접목은 1~3월에 충실한 전년지 중에서 꽃눈이 붙어 있지 않는 것을 접수로 사용합니다. 대목은 세력이 좋은 1~3년생 살구나무 실생묘가 좋지만, 친화성이 있는 매실나무나 자두나무 실생묘도 가능합니다.

살구는 식물학상으로 혼살구, 만주살구 및 몽고살구의 3종으로 대별되어 있습니다. 또한 혼살구는 동아계와 구주계로 나누어지며, 동아계는 우리나라와 중국 및 일본에서 개량이 진행되어 각각의 나라에 적응하는 많은 품종이 육성되었습니다. 살구씨를 행인이라 하며 쓴맛을 가진 것과 단맛을 가진 것이 있는데, 쓴맛이 있는 것은 고인이라 하여 주로 약용으로, 단맛이 있는 것은 첨인 또는 감인이라 하여 식용으로 합니다.

살구는 약용보다는 과수로 더 잘 알려져 있고 누렇게 익은 열매는 달고 신맛이 있습니다. 생과로도 이용되지만 주스, 잼 등으로 가공되어 소비되기도 하며 베타 카로틴 함량이 여타 과실에 비하여 월등히 높아 기능성 식품의 소재로서 기대되는 과실이기도 합니다.

연꽃은 진흙에서 났으나 더러움에 물들지 않고

그윽한 새가 물에 들어가 푸른 비단을 가르니

온 못을 뒤덮은 연꽃이 살며시 움직이네

참선하는 마음이 원래 스스로 청정함을 알려면

맑고 맑은 가을 연꽃이 찬 물결에 솟은 걸 보소

연(*Nelumbo nucifera Gaertner*)은 원산지가 아시아 남부와 오스트레일리아 북부로 알려져 있는 수련과의 여러해살이 수생식물입니다. 학명에서 Nelumbo는 연꽃의 스리랑카 이름인 nelumbium에서 유래하였고, nucifera는 '단단한 과실이 달린다'는 뜻입니다. 연꽃을 한문으로 연(蓮) 또는 하(荷)로 표현하며, 다른 말로는 정우(靜友) 또는 화중군자라 부르기도 합니다. 꽃만을 말할 때는 하화(荷花) 또는 부용(芙蓉)이라 합니다.

〈화조도 연꽃〉, 조선 시대

세계 문명의 발상지인 이집트 나일강, 인도의 인더스강, 중국의 양쯔강 주변의 고대 유적에서 연의 재배 흔적을 찾아볼 수 있습니다. 그리고 이 지역에서는 지금도 연을 많이 재배하여 이용하고 있습니다. 우리나라와 일본에서도 상당히 오래전부터 재배되었을 것으로 추정됩니다.

연은 물속 진흙땅에서 뿌리를 내리고 번식합니다. 뿌리줄기에서 나와 1~2m 높이로 자라는 잎자루 끝에 둥근 방패 모양으로 달리는 잎은 지름이 40㎝ 내외로 눈에 보이지 않는 잔털이 촘촘히 나 있어 물에 젖지 않습니다. 잎자루는 겉에 가시가 있고 안에 구멍이 있는데, 이 구멍은 땅속 뿌리줄기의 구멍과 통합니다. 옆으로 뻗는 뿌리줄기는 굵고 마디가 많으며 가을에는 특히 끝부분이 굵어집니다.

7, 8월경에 잎자루보다 조금 긴 꽃대를 내어 크고 아름다운 꽃이 한 송이씩 피는데, 다른 꽃에서는 볼 수 없는 높은 품격을 지닌 환상적인 꽃입니다. 꽃은 색깔에 따라 홍색으로 피는 홍련(紅蓮)과 백색으로 피는

백련(白蓮)으로 구분하지만, 홍련과 백련 모두 색깔의 짙고 옅음이 다양하게 나타납니다. 열매는 꽃이 진 후 벌집처럼 생긴 구멍에 한 개씩 들어 있으며, 다 익은 씨앗은 껍질이 검은 갈색으로 길이 2㎝ 정도의 타원형입니다. 수명이 길어서 2천 년 전 진흙 속에 파묻혔던 씨앗이 싹을 틔우고 개화까지 하여 지금의 재배종과 거의 같은 꽃을 피우고 있습니다.

향기는 멀리 갈수록 더욱 맑아

인도와 중국의 경우 연꽃은 불교가 등장하기 전부터 이미 많은 사람들의 사랑을 받는 꽃으로 자리 잡고 있었습니다. 인도에서는 5천 년 전에 만들어진 연꽃의 여신상이 발견되었다고 합니다. 중국에서는 가장 오래된 시집이자 대표적인 유교경전으로 손꼽히는 『시경(詩經)』에 연꽃을 사랑하는 임에 비유하여 노래한 것이 수록되어 있습니다.

중국에 불교가 들어온 것이 전한(前漢, B.C. 202~A.D. 8) 말경이니, 이보다 훨씬 오래전부터 중국인들은 연꽃을 기르고 감상하며 시의 소재로 삼았음을 알 수 있습니다. 이로 미루어 보면 우리나라도 불교의 전래와 관계없이 그 이전부터 연꽃을 재배했을지도 모를 일입니다.

힌두교에서 연꽃은 아름다움·다산·번영의 가장 중요한 상징입니다. 힌두교에 의하면 모든 사람에게는 연꽃의 정령이 깃들어 있다고 합니다. 연꽃은 순결·신성·영원을 상징하며, 특히 여성의 아름다움과 새로운 젊음을 나타내며 여러 행사에 사용되고 있습니다. 연꽃은 또한 아름다움과 애착에서 벗어남을 의미하기도 합니다. 크고 아름다운 분홍색 꽃이 피는 이 수생식물의 뿌리는 얕은 못이나 호수의 진흙 속에 단단히 박혀 있습니다. 빳빳한 잎은 물에 젖거나 흙을 묻히는 일 없이 수면 위로 올라옵니다. 힌두교도들은 이것을 주위에 애착을 갖지 말고 살아가야 한다는 교훈으로 받아들입니다.

연꽃을 다루면서 북송(北宋) 때의 철학자인 주돈이(周敦頤, 1017~1073)의 「애련설(愛蓮說)」을 빼놓을 수 없습니다. 그는 진나라의 도연명은 오직 국화만을 사랑했고, 당나라 이래로 세상 사람들은 모란을 대단히 사랑하고 있다면서, “나는 홀로 연을 사랑하리라. 연은 진흙에서 났으나 더러움에 물들지 않고 맑은 물에 깨끗이 씻기어도 요염하지 않다. 줄기의 속은 허허롭게 비우고도 겉모습은 반듯하게 서 있으며, 넝쿨지지도 않고 잔가지 같은 것도 치지 않는다. 그 향기는 멀리서 맡을수록 더욱 맑으며 정정하고 깨끗한 몸가짐, 높이 우뚝 섰으니 멀리서 바라보아야 할 것이요. 가까이서 감히 어루만지며 희롱할 수 없도다. 그래서 나는 국화는 꽃 가운데 은사(隱士)라 할 수 있고 모란은 꽃 가운데 부귀자(富貴者)라 할 수 있는데 대해서 연은 꽃 가운데 군자라고 할 수 있으리라.”고 했습니다.

여기에서 나온 “향기는 멀리 갈수록 맑다(香遠益淸).”는 말은 이후에 널리 쓰이게 되었고, 경복궁의 ‘향원정(香遠亭)’이란 이름도 바로 이 「애련설」에서 유래했습니다.

동아시아에 서역의 불교가 들어오자 연꽃은 불교의 서방 정토, 즉 연화세계를 상징하는 신성한 꽃이 되었습니다. 서역에서 연꽃은 일찍부터 불교의 꽃이었습니다. 석가가 걸어가는 발자국마다 연꽃이 피어났다고도 하며, 관음보살은 바로 연꽃의 화신이라고 전해지고 있습니다. 중국에서는 연꽃이 자라는 연못을 극락세계라 여겨 사찰 내에 연못을 만들었습니다. 우리나라에서도 백제 성왕 때인 538년에 세워진 부여 정림사지에서도 네모꼴 연못과 함께 연꽃 줄기의 탄화 흔적도 발견되어 당시에 연을 심었음을 알 수 있습니다.

송나라 서긍(徐兢)이 쓴 『고려도경(高麗圖經, 1123)』은 고려 사람들이 연꽃을 신성시하여 함부로 꺾거나 만지지 않는다고 전하고 있습니다. 이에 대해 문일평은 『화하만필』에서 "불교 신앙으로 연꽃을 너무 신성시하여 아름다움을 감상하는 데 장애가 되는데, 이는 연꽃을 불타의 보좌(寶座)인 줄로 인정하였음"이라 하면서 연꽃과 관련된 충선왕의 이야기를 남기고 있습니다.

"일찍 고려 충선왕께서 연경(燕京)에 계실 때 어쩌다가 한 미희(美姬)와 인연을 맺어 애정이 아주 깊어졌다. 그러다가 충선왕이 고국으로 돌아오게 되면서 그녀에게 아름다운 연꽃 한 송이를 정표로 주었더니 생이별의 괴로움에 우는 여인이 시를 써 화답하였는데 그 시가 '떠나시던 그날에 꺾어 준 연꽃송이 처음에 빨갛더니 / 얼마 안 가 떨어지고 이제는 시드는 빛이 사람과도 같아라'이다."

이 이야기는 성현(成俔, 1439~1504)이 지은 『용재총화』 제3권에 더 자세히 나옵니다. 충선왕이 오랫동안 원나라에 머물면서 정든 사람이 있었는데, 귀국하게 되자 정인(情人)이 쫓아오므로 임금이 연꽃 한 송이를 꺾어 주고 이별의 정표로 하였습니다. 밤낮으로 임금이 그리움을 견디지 못하여 이제현(李齊賢, 1287~1367)을 시켜 가서 보게 하였습니다. 그가 가 보니 여자는 다락 속에 있었는데, 며칠 동안 먹지를 않아 말도 잘 하지 못하였으나 억지로 붓을 들어 절구 한 수를 씁니다. "보내 주신 연꽃 한 송이 / 처음엔 분명하게도 붉더니 / 가지 떠난 지 이제 며칠 / 사람과 함께 시들었네" 이제현이 돌아와서, "여자는 술집으로 들어가 젊은 사람들과 술을 마신다는데 찾아도 없습니다."고 아뢰니, 임금이 크게 뉘우치며 땅에 침을 뱉었습니다. 다음 해 왕의 생신에 그가 술잔을 올리고는 뜰아래로 물러 나와 엎드리며, "죽을 죄를 지었습니다." 하니, 임금이 그 연유를 물었습니다. 이제현은 그 시를 올리고 그때 일을 말했습니다. 임금은 눈물을 흘리며, "만약 그날 이 시를 보았더라면 죽을힘을 다해서라도 돌아갔을 것인데, 경이 나를 사랑하여 일부러 다른 말을 하였으니, 참으로 충성스러운 일이다." 하였습니다.

여기에 나오는 한시는 번역에 따라 조금씩 다른 느낌을 주는데 소개하면 다음과 같습니다.

한 송이 연꽃을 꺾어 주시니
처음엔 불타는 듯 붉었더이다
가지를 떠난 지 며칠 못 되어
초췌함이 사람과 다름없어요

떠나시며 건네 준 연꽃 한 송이
처음에는 참으로 붉었답니다
줄기를 떠나고 며칠이 못 돼
초췌해진 제 모습 닮았습니다

『양화소록』의 「화목구품」이나 『화암수록』의 「화목구등품제」에서 연꽃을 각각 1품과 1등에 올려놓았듯 연꽃이 최고의 품격을 지닌 꽃 중의 하나라는 사실은 누구도 부인하지 못할 것입니다.

신명연, 〈산수화훼도(山水花卉圖)〉, 조선 후기

땅속에서도 삼천 년을 견디는 연꽃 씨

연꽃은 불교의 상징식물로, 더러운 물에서 자라도 맑은 꽃으로 피어나 세상을 정화한다(처염상정, 處染常淨)는 뜻을 가지고 있습니다. 꽃말도 순결, 청순한 마음, 아름다움입니다. 또한 연꽃은 군자의 꽃으로 일컬어집니다. 연꽃은 진흙 속에서 나지만 진흙에 물들지 않는다는 면에서 세속에 물들지 않는 군자나 고고한 선비를 표상해 왔습니다. 연꽃이 이와 같이 군자의 꽃으로 자리 잡게 된 데는 앞에 소개한 주돈이의 「애련설」이 큰 영향을 끼쳤습니다.

불교 정토사상의 영향으로 연꽃은 정토에 생명을 탄생시키는 화생(化生)의 근원으로 설명되고 있습니다. 즉 극락에서 다시 태어나는 경우에는 연꽃 속에서 화생하게 되는 것입니다. 고소설 『심청전』에서는 심청이 인당수에 몸을 던졌으나 용왕님에 의해 커다란 연꽃을 타고 다시 인간 세상에 태어나는데 이때의 연꽃은 환생을 상징합니다.

연꽃은 옛날부터 생명의 창조, 번영의 상징으로 애호를 받았습니다. 연실(蓮實)은 그 껍데기를 벗기지 않으면 땅속에서 무려 삼천 년을 견딘다고 합니다. 즉 천 년 이상 땅에 묻혀 있던 씨앗도 발아가 가능하다는 것입니다. 실제로 일본에서는 1951년 연꽃박사 다이카 이치로(大賀一郎)가 일본의 한 지방에 있는 지하 3.9미터의 이탄층에서 약 2천 년 전 연 씨앗 세 개를 발견하였는데 그 씨앗을 심어서 발아시켜 꽃을 피우고 결실을 보았습니다. 이를 기념하여 이 연꽃을 '다이카련(大賀蓮)'이라고 이름을 붙였는데, 현재 일본뿐만 아니라 중국·인도·독일·미국·호주 등지에도 분양되어 재배되고 있다고 합니다.

우리나라에서도 2009년 함안의 성산산성에서 출토된 고려 시대 연의 씨앗이 2010년 7월에 700년 만에 꽃을 피웠는데, '아라홍련'이라 합니다. 꽃잎의 하단은 백색, 중단은 선홍색, 꽃은 홍색으로 현대의 연꽃에 비해 길이가 길고 색깔이 엷어, 고려 시대의 불교 탱화에서 볼 수 있는 연꽃의 형태와 색깔을 그대로 간직하고 있다고 합니다.

연꽃 심고 키우기

강희안은 『양화소록』에서 연의 재배 방법을 다음과 같이 적고 있습니다.

"연을 심는 법에 우분(牛糞)으로써 기름진 땅에 입하 전 3, 4일에 연뿌리를 캐어 마디를 따서 머리를 진흙에 꽂아 심으면 그해에 바로 꽃이 핀다. 또 5월 20일 무렵에 연뿌리를 깊은 곳에 옮겨 심되 꽃대가 긴 놈은 대가지를 붙들어 매어 주면 살지 않는 것이 없다. 또 초봄에 연뿌리 세 마디를 캐어 상하지 않은 부분을 진흙 속 깊이 심으면 그해에 꽃이 핀다. 무릇 연을 심는 데 붉고 흰 것을 반드시 가를 필요는 없다. 흰 것이 성하면 붉은 것이 쇠하니 한 못에 간격을 두고 홍련과 백련을 갈라 심는다."

『화암수록』에서는 연에는 22품종이 있다고 하면서, "연꽃을 깨끗한 벗(靜友), 속은 비었고 겉은 곧다. 멀수록 향기가 더욱 맑다.", "붉은 꽃과 흰 꽃을 한 연못에 심으면 안 된다. 붉은 꽃이 성하면 흰 꽃이 반드시 시들기 때문이다."고 하고 있습니다.

여기에도 나오듯이 연을 심을 때 주의해야 할 점이 하나 있습니다. 홍련과 백련을 같은 연못에 심어도 좋지만 서로 가까이 심으면 좋지 않습니다. 홍련이 성하면 백련이 쇠하고, 백련이 성하면 홍련이 쇠하고 말기 때문입니다. 저도 집의 작은 연못에 홍련과 백련을 같이 심어 둘 다 꽃을 보아 오다가 재작년부터 백련은 보이지 않고 홍련 꽃만 보고 있습니다. 우리나라 연못은 홍련이 대부분을 차지하는데 이렇게 해서 백련이 도태된 것은 아닐지 모를 일입니다.

연의 씨앗이나 연뿌리를 심는 방법은 예나 지금이나 차이가 없습니다. 박세당의 『색경(穡經)』에 나오는 내용입니다.

"연 씨를 심는 방법은 8~9월 사이에 검은 연밥을 따다가 가위로 연 씨의 양끝을 잘라 버리고 연못 안에 던져 놓으면 얼마 안 되어 바로 자라난

<연지도 병풍(蓮池圖屛風)>[37], 19~20세기 초, 국립고궁박물관 소장

다. 연뿌리를 심는 법은 초봄에 연뿌리의 마디진 곳을 파내어 연못 진흙 안에 놓아두면 바로 그해에 꽃이 핀다. 연뿌리는 세 마디 이상을 가져다 쓰는 것이 가장 좋다. 2월에 마디가 몇 개 있는 연뿌리를 가져다 진흙과 함께 항아리 안에 옮겨 심으면 바로 그해에 꽃이 핀다."

연은 수심이 깊지 않은 맑은 물을 선호합니다. 지하경에서 화경이 신장하여 7~8월에 분홍 또는 흰색의 꽃이 핍니다. 지하경이 땅속 깊이 뻗으며 그 끝에 신근경(新根莖)이 형성되면서 지하경의 수를 늘려 나갑니다. 보통 15~40℃의 온도에서 자라며, 이 범위를 벗어나면 생장이 느려집니다. 또, 일조량이 많아야 잘 자라고, 빛이 약하거나 그늘진 환경에서는

37 연꽃이 피어 있고 새와 오리들이 노니는 연못의 광경을 표현한 그림입니다. 4폭의 화면이 서로 연결되어 하나의 커다란 화면을 이루도록 구성하였습니다. 만개한 연꽃과 꽃봉오리, 연밥과 연잎 등이 다양한 형태로 표현되어 화면에서 생동감이 느껴집니다. 새와 오리의 깃털이 하나하나 세밀한 붓질로 표현되었으며 연꽃과 연잎이 달려 있는 줄기의 미세한 털도 섬세하게 표현되어 있습니다. 안료의 농담을 달리하여 연잎의 형태를 입체감 있게 표현한 솜씨도 돋보입니다. 전체적으로 'V'형의 안정감 있는 구도와 아름다운 색깔, 섬세한 표현 기법이 조화를 이룹니다.

잘 자라지 못하고 생장이 멈춥니다. 표토가 깊어야 수량이 많아지고 품질이 좋은 연근을 생산할 수 있습니다.

연의 번식은 땅속줄기를 나누어 심거나 연근편, 끝눈을 꺾꽂이합니다. 종자로 파종하는 방법도 있는데 잘 여문 종자를 선택해 종자의 밑을 흠집 내게 한 다음 얕은 그릇에 넣고 상온에서 물에 잠기게 하여 싹이 나게 합니다. 종자가 물을 흡수해 팽창할 때 기포가 발생하며, 이때부터 싹이 날 때까지 매일 물을 갈아 주어야 합니다. 어린 싹이 난 종자를 진흙이 담긴 화분에 옮겨서 키웁니다.

근경으로 하는 번식은 잘 비대한 3~4마디의 것으로 1~2개의 측근을 두는 것이 좋습니다. 4~5월에 종연근의 생장이 시작되기 전에 심습니다. 경사지게 심는데 끝눈이 15㎝ 정도 묻히도록 합니다. 수확은 9월 이후부터 이듬해 봄까지 수시로 합니다.

연은 옛날부터 꽃과 잎을 감상하거나 연뿌리를 식용하기 위해 소택지 등에서 재배해 왔습니다. 연밥은 밤처럼 고소하며, 잘 익은 종자인 연실은 중요한 생약으로 이용합니다. 또 죽처럼 쑤어 먹거나 연실을 넣어 지은 밥을 연잎에 싸서 먹기도 합니다. 연근에는 무기질, 비타민 C, 레놀렌산, 식이 섬유 등이 풍부해 뼈의 생성과 촉진, 배설 촉진, 피부 건강과 유지에 효과적입니다.

누가 그대를 불러 옥매화라 전하던고

누가 그대를 불러 옥매화라 전하던고

섣달 하늘엔 별도 시무룩하네

눈 속에 싸늘하게 피어나기 꺼리어

봄이 되자 별다른 예쁜 모습 꾸민 거네

옥매(玉梅, *Prunus glandulosa*)는 장미과의 낙엽 활엽 관목입니다. 키는 1m에서 1.5m 높이로 자라며, 뿌리에서부터 여러 개의 줄기가 모여서 돋아납니다. 가지에 털이 없고 모여납니다. 잎은 어긋나며 피침형, 또는 긴 타원형이고 3~9㎝로서 뒷면 맥 위에 잔털이 있거나 없으며 가장자리에 물결모양의 잔톱니가 있습니다. 2㎝ 크기의 꽃은 5월에 잎과 같이 피거나 먼저 피며 꽃잎이 여러 겹으로 피는 만첩(萬疊)이고 꽃자루는 뒤로 젖혀집니다. 꽃은 줄기를 감싸듯 가득히 다닥다닥 붙어 핍니다. 열매는 핵과로서 거의 둥글며 지름 1~1.2㎝로서 털이 없고 붉게 익습니다.

중국 원산으로 우리나라 전 지역에서 관상용으로 심어 키웁니다. 매화처럼 생긴 흰 꽃이 피는 데다가 가지에 다닥다닥 달린 꽃봉오리가 마치 옥구슬을 꿰어 놓은 듯하여 옥매라 합니다. 백매(白梅)라고 부르기도 하며, 삼국 시대에도 정원에 심었다는 기록이 나올 정도로 역사가 오래된 나무입니다. 유사종으로 붉은색의 꽃이 만첩으로 피는 종을 홍매(紅梅)라 합니다.

예전에 주로 화계[38]에 심던 꽃나무로 전국의 정원에 식재하고 있습니다. 해가 잘 들고 다소 습한 곳이 좋으며, 건조한 곳은 좋지 않고 그늘에서는 꽃이 잘 피지 않습니다. 생장이 빠르고 나무가 튼튼하며 줄기나 가지가 모두 가늘고 잘 휘어집니다. 싹트는 힘이 왕성하여 매년 새로운 가지가 땅에서 돋아나 밑에서부터 많은 줄기가 자랍니다. 가지는 가늘고 잘 휘어지며 둥근 수관을 이룹니다. 4월경에 조밀하게 나온 흰색의 겹꽃이 나무 전체를 덮을 정도로 많은 꽃이 핍니다. 꽃이 지고 난 후에 열리는 붉은 열매 역시 신록의 잎과 대비를 이루어 아름답습니다. 개나리나 조팝나무같이 정원의 가장자리에 울타리처럼 심는 게 대부분입니다.

그늘에서는 꽃 피기가 나쁘고 꽃이 피더라도 꽃 색이 좋지 않습니다. 뿌리가 건조한 것을 싫어하기 때문에 이식하거나 식재할 때 뿌리가 노출되지 않도록 주의합니다. 토양에서 비료 성분을 흡수하는 힘이 강하기

38 花階, 궁궐 등의 뜰에 층계 모양으로 단(段)을 만들고 화초를 심은 것으로 창덕궁 낙선재 화계가 유명합니다.

때문에 비료를 그다지 많이 줄 필요는 없습니다. 꽃이 피거나 열매가 열리고 난 후 소모한 에너지만 보충해 주는 정도로 비료를 줍니다.

길고 가는 가지에 많은 꽃이 피면 가지가 넘어질 것처럼 보입니다. 정식 후 2~3년 지나면 원줄기의 위에서 3분의 1이 되는 부분을 잘라 주어 가지가 많이 나오도록 해 줍니다. 성목이 되면 복잡한 가지와 길고 가는 가지를 잘라 줍니다. 접목묘일 경우에는 대목에서 나오는 움돋이를 제거해 줍니다.

종자, 삽목, 포기 나누기로 증식합니다. 삽목은 주로 근삽으로 하며 가지꽂이는 잘 하지 않습니다. 봄에 싹트기 전에 뿌리를 15㎝ 길이로 잘라 흙에 묻어 두면 싹이 틉니다. 포기 나누기는 포기 주위에 흙을 북돋아 주었다가 뿌리가 나면 쪼개 심든가 포기 전체를 몇 개로 쪼개어도 됩니다. 대개 이른 봄보다 낙엽이 진 후인 가을이 새싹을 상할 우려가 없으므로 안전합니다.

산옥매와 옥매

산옥매(*Prunus glandulosa Thunb.*)는 산에서 자라는 매화나무라는 뜻입니다. 산옥매는 옥매와 전체적인 생김새에서 큰 차이가 없을 정도로 닮았습니다. 하지만 꽃은 만첩이 아닌 다섯 장의 꽃잎이 홑겹으로 피어날 뿐 아니라, 연한 홍색을 띱니다. 붉은빛의 꽃잎 다섯 장 가운데에 노란 꽃술이 도드라져 보이는 것도 산옥매꽃의 특징입니다. 꽃을 보면 산옥매와 옥매는 쉽게 구분할 수 있습니다.

높이는 1m, 잎은 어긋나고 달걀 모양 또는 긴 타원형 모양으로 잔톱니가 있습니다. 꽃은 5월에 백색 또는 연홍색으로 잎보다 먼저 또는 같이 피고, 2~4개가 우산 모양으로 달려 있습니다. 꽃잎은 타원 모양 또는 긴 달걀 모양이고, 수술은 꽃잎보다 짧으며, 암술대에 잔털이 있고, 씨방에 털이 없습니다. 열매는 둥글고 털이 없으며 6~7월에 붉은색으로 익습니다. 종자는 둥글며 끝이 뾰족합니다. 중국에서는 산지에서 흔히 자라고 약으로 쓰려고 재배합니다.

내한성이 강하고 습지에도 잘 견디나 건조에는 약합니다. 사질 양토의 비옥한 토양에서 생장이 좋고, 햇빛이 잘 드는 양지에서 개화 결실이 잘 됩니다. 생장이 빠르며, 이식이 잘됩니다. 번식은 실생 및 무성생식으로 합니다. 실생 번식은 여름에 익은 열매를 채취하여 직파하거나 저온 저장을 하였다가 가을이나 봄에 파종합니다. 무성생식은 원줄기에서 돋아나는 어린 묘목을 분주하여 증식합니다. 2~3월, 6월에 가지 삽목을 하나 발근이 어려운 편이며 뿌리 삽목은 잘됩니다.

나에게 작약은 없어서는 안 되는 꽃이지요

곱게 단장한 두 볼 취한 듯 붉어
서시[39]의 옛 모습 전하는구나
웃음으로 오 나라를 망치고도 부족하여
또다시 누구를 괴롭히려뇨

작약(*Paeonia lactiflora*)은 작약과의 여러해살이 풀로, 높이는 50~80㎝입니다. 학명에서 Paeonia는 그리스 신화에서 의술의 신인 Paeon에서 유래했으며, lactiflora는 '유백색 꽃'이라는 뜻입니다. 꽃과 잎의 모양이 모란과 비슷하지만 나무가 아니고 숙근성 다년초입니다. 꽃은 모란보다 늦은

39 西施는 기원전 5세기 월(越)나라의 미인으로 월왕(越王) 구천(句踐)의 계획에 의하여 오왕(吳王) 부차(夫差)에게 바쳐져 오나라 궁궐에 있으면서 온갖 총애를 받았습니다. 고대 중국의 4대 미녀 중 한 사람입니다.

5~6월에 붉은색·분홍색 또는 흰색 등으로 피며 매우 많은 품종이 있습니다. 원산지는 중국 북부 일대라고 하는데, 우리나라 전역에서 잘 자랍니다. 내한성이 강하며, 기원전 500년경부터 약초로 재배하였습니다.

작약은 모란과 나란히 일컬어지는 명화입니다. 잎과 꽃이 모란과 비슷하지만, 작약은 위쪽의 작은 잎이 3개로 깊게 갈라지나 모란은 여러 개로 갈라집니다. 꽃의 향기나 아름다움이 모란에 비할 때 다소 떨어져 모란을 화왕이라 하는 데 대해 작약은 꽃들의 재상인 화상(花相)이라 합니다. 그러나 중국에서 모란을 목작약(木芍藥)으로 부르는 것만 보아도, 작약이 모란보다 먼저 존재한 것만은 사실인 듯합니다.

작약이 고대 중국에서는 남성을 유혹하는 구애, 청혼의 신호, 또는 재회를 기약하며 이별의 선물로 주는 꽃이었다는 사실을 『시경』에서 살펴볼 수 있습니다. 진(晉)나라에서 육조(六朝, 4~6세기) 시대 사이에, 작약은 약용으로 쓰였을 뿐 아니라, 아름다운 꽃을 재배하여 감상하기 시작한 듯합니다.

작약(芍藥)이란 이름의 유래에 대해서는 '나긋나긋하고 부드럽다'는 의미의 작약(綽約), 혹은 '빛나는 아름다움'을 나타내는 작약에 기원이 있다는 의견도 있습니다. 이는 요염한 미녀를 연상시키는 꽃의 자태와 연관한 것으로 작약을 염우(艶友), 교객(嬌客) 등으로 의인화하는 일은 이런 연장선상에서 생겨났다고 할 수 있습니다. 이처럼 꽃의 모습이 가냘프고 맵시가 있다 해서 작약으로 부르게 되었다고도 하는 데 대해, 송나라 나원(羅願)이 지은 『이아익(爾雅翼)』에는 "음식의 독을 푸는 데 이것보다 나은 것이 없어서 '약(藥)'이란 이름을 얻었다."고 합니다.

작약이 언제 우리나라로 들어왔는지는 알 수 없는데, 모란이 신라 때

허난설헌[40] 〈작약도〉, 조선 중기, 국립중앙박물관 소장

40 許蘭雪軒(1563~1589)은 조선 중기의 대표적인 문인으로 시와 수필, 서예와 그림에도 뛰어났습니다.

들어온 것으로 보아서 작약 또한 비슷한 시기에 들어오지 않았나 싶습니다. 고려 때는 여러 품종이 들어온 듯합니다. 작약이 우리 기록에 보이는 것은 지금부터 850여 년 전인 고려 의종(재위 1146~1170) 때 일입니다. 의종은 정사(政事)보다 놀이를 좋아해, 대궐 정원에서 꽃구경을 하면서 신하들에게 작약 시를 지어 바치도록 했다 합니다.

모란이 고려 시대 궁궐 화원의 화관목을 대표하는 꽃이라면, 작약은 궁궐 화원의 초본을 대표하는 꽃입니다. 작약은 우리나라의 심산유곡에서도 자생하던 것으로, 꽃잎이 흰 백작약과 붉은 홍작약이 있습니다. 우리나라에 분포하는 것은 그 종류가 많지 않았으나, 중국에는 다양한 색깔을 자랑하는 품종이 수십여 가지나 되었다 합니다. 그러다가 조선 초기에 쓰여진 『양화소록』에는 그 수가 엄청 늘어나, 황색이 18품종, 심홍색이 25품종, 분홍색이 17품종, 자색이 14품종, 백색이 14품종이라고 기록되어 있습니다.

타샤 튜더도 반한 꽃

송나라 왕관(王觀)의 『양주작약보(揚州芍藥譜)』에 취서시(醉西施)라는 작약 품종이 실려 있는데, 가지가 크고 부드러운 꽃으로 색은 담홍(淡紅)이라고 했습니다. 작약의 분홍 꽃잎을 보며 술에 취해 양 뺨에 홍조를 띤 서시의 얼굴을 상상한 사람들이 작약의 이름을 취서시로 지은 것입니다.

앞에 소개한 시와 아래에 소개하는 두 편의 시에서 이규보는 작약을 모두 술에 취한 서시로 묘사하고 있습니다. 앞의 시는 제목이 「홍작약(紅芍藥)」이고, 다음 시는 「취서시작약(醉西施芍藥)」입니다.

아양 떠는 고운 자태 너무도 아리따워

사람들은 이를 두고 취서시라 한다네

이슬 젖은 꽃 기울면 바람이 들어 주니

오나라 궁궐에서 춤추던 때 비슷해라

문일평은 『화하만필』에서 작약이 고려사에 나타나게 된 인연을 다음과 같이 소개하고, "이상야릇도 하다. 공주의 비애를 자아내기 때문에 그의 꽃다운 이름이 기록을 통하여 후세에까지 전하게 된 것이다."고 하였습니다.

"당시 천하를 뒤흔들던 원 세조의 따님으로서 고려 충렬왕(재위 1274~1298, 1299~1308)의 비가 된 제국공주(齊國公主, 1259~1297)가 하루는 수녕궁(壽寧宮) 향각(香閣)의 어원(御苑)에 산보할 때 작약이 탐스럽게 피었으므로 시녀에게 명하여 한 가지를 꺾어 다가 손에 들고 한참 애완(愛玩)하더니 그만 느끼어 홍루(紅淚)를 흘리었다. 그러더니 이로부터 병이 들어 얼마 만에 훙서(薨逝)[41]하였다.[42]"

작약은 우리말로는 함박꽃이라 하고, 우리나라에서도 지리산·설악산·계룡산 등 크고 높은 산간 지역에서 야생하는 것을 종종 볼 수 있습니다. 원래 우리나라를 비롯하여 중국·시베리아 등지에 분포하고 있던 꽃입니다. 처음에는 약초로서 주로 재배되다가 그 후 일본과 유럽으로

---

41 임금·왕족·귀족의 죽음을 높이어 이르는 말입니다.

42 『고려사절요』 제21권 충렬왕 23년(1297) 기록에는 다음과 같이 나옵니다.
○ 5월 정묘일에 왕이 공주와 함께 원나라에서 돌아왔다. 이때 수령궁(壽寧宮) 향각(香閣)에 작약(芍藥)이 만발하였는데, 공주가 한 가지를 꺾어 오라 하여 받아 들고 한참 동안 구경하더니, 감상(感傷)하여 눈물을 흘렸다. ○ 계유일에 공주가 병이 드니, 내고미(內庫米) 1백 석을 풀어 빈민에게 주고, 중랑장 진양필(秦良弼)을 원나라에 보내어 의원을 청하였다. ○ 임오일에 공주가 현성사(賢聖寺)에서 훙(薨)하였다. ○ 부밀직사사 원경(元卿)을 원나라에 보내어 상사를 고하였다.

건너가 개량되었는데 원종에 비하면 놀랄 만큼 아름다워진 꽃입니다. 작약은 꽃 모양이나 색깔 모두 각양각색으로 개량된 원예 품종만 수십 종에 이릅니다.

미국의 동화작가이자 정원가로 널리 알려진 타샤 튜더(Tasha Tudor, 1915~2008)도 그의 책『타샤 튜더, 나의 정원』에서 이렇게 말했습니다.

"나에게 작약은 없어서는 안 되는 꽃이지요. 수명이 긴 꽃으로, 손질을 많이 해 주지 않아도 매년 아름다운 꽃을 피웁니다. 향기가 좋고 겹꽃의 커다란 꽃송이를 자랑하는 작약이 어찌나 좋은지 개화 시기가 조금씩 다른 다양한 종류의 작약을 집 앞의 긴 화단에 가득 심어 두었어요."

작약 심고 키우기

작약은 4월경에 붉은 싹이 나와 5~6월에 꽃이 피는데, 한 포기에서 여러 개의 줄기가 나오고 그 끝에 크고 탐스러운 12㎝ 내외의 꽃이 하나씩 핍니다. 꽃은 겹꽃과 홑꽃이 있으며 색깔은 적색, 백색, 분홍색 등 여러 가지가 있습니다. 꽃 아래 있는 다섯 조각의 녹색 꽃받침은 꽃봉오리일 때는 동그랗게 오므리고 있습니다. 꽃잎은 활짝 펼치면 대체로 열 장 내외이며 한가운데 다수의 노란색 수술과 세 개 또는 다섯 개의 씨방이 있습니다. 뿌리는 굵고 사방으로 퍼지며 자르면 붉은색을 띱니다. 봄에 싹이 돋아 나올 때는 잎과 줄기가 붉으나 자라면서 녹색으로 변합니다. 옛날에는 모란과 마찬가지로 꽃 감상보다는 약용으로 쓰는 뿌리를 훨씬 더 중시했던 듯합니다.

작약은 일반적으로 따뜻한 곳보다 서늘한 곳을 좋아하며 비료를 좋아

다비드 불뤼크, <A draft for embroidery. Peonies>, 1937

하므로 가급적 유기질 비료(두엄, 닭똥, 깻묵 등)를 많이 주도록 합니다.

작약의 번식은 종자와 포기 나누기 모두 가능합니다. 종자 번식은 대량으로 균일한 묘를 생산할 수 있다는 장점이 있으나 타화수분으로 종자의 잡종화 문제와 육묘 기간이 오래 걸리는 불리한 점이 있습니다. 포기 나누기 번식은 묘를 대량으로 생산하기 어렵다는 불리한 점이 있으나 분주묘는 모주와 같은 형질을 가지며 육묘에 필요한 노력과 기간을 단축시킬 수 있는 장점이 있으므로 대부분의 재배 농가에서는 분주법으로 번식시키고 있습니다. 10월 초면 새 뿌리가 움직이기 시작하므로 늦어도 9월 말까지는 포기 나누기를 해야 합니다. 뿌리를 다치지 않게 주의해서 뿌리에 있는 눈을 잘 보고 서너 눈씩 가지도록 나눠 줍니다. 포기를 나눔과 동시에 심어야 하는데 6~10㎝ 깊이로 흙을 덮어 줍니다. 뿌리를 모란의 대목으로 사용하기도 합니다.

작약은 우리나라의 각지에서 약용 또는 관상용 화초로 많이 재배하고 있는데 약용 작약의 재배는 강작약이라 해서 강원도산을 특상품으로 치고 있습니다.

부인병을 치료하는 묘약의 하나인 작약은 여러해살이 약초로 뿌리가 방추형으로 굵고, 자르면 붉은빛이 돕니다. 뿌리에 함유된 주성분은 패오니플로린으로, 작약의 약리 작용은 진정·진통·항균·이뇨 작용 등이며 한방에서는 진통약·두통약·복통약 등으로 사용됩니다.

가시가 돋았다 해서
흠이 아닌 장미

요염한 꽃송이 녹음 사이에 빛나니
금분으로 단장하고 교태를 부리누나
가시가 돋았다 해서 꽃의 흠은 아니리니
꺾으려는 손길 막으려 함인가

장미(*Rosa hybrida Hort.*)는 장미과 장미속에 속하는 다년생의 관목 또는 덩굴성 식물의 총칭입니다. 원래 산과 들에 저절로 피어나고 자라던 여러 야생 장미를 수없이 교배한 결과 만들어진 꽃입니다. 장미는 중국을 비롯해서 서남아시아 및 북아프리카에서는 기원전 3000년경부터 재배되었다고 하니, 아마 꽃 중에서 가장 오래된 역사를 가진 꽃일 것입니다. 주로 북반구의 온대와 아한대 지역에서 자랍니다. 우리나라의 산과 들에

빈센트 반 고흐, <야생 장미>, 1890

자생하는 장미 종류로는 찔레꽃이 있고, 19세기 후반 들어서 미국과 유럽에서 서양장미가 도입됐습니다.

장미는 품종이 다양하여 전 세계적으로 널리 관상 조경용으로 심어지고 있습니다. 꽃도 감상하지만 꽃에서 향기가 나는 종도 있어 향료를 얻기 위해 재배하기도 합니다. 장미는 줄기가 자라는 모양에 따라 덩굴장미(줄장미)와 나무장미로 크게 나뉩니다. 또한 수많은 품종이 있고 모양도 각각 다릅니다. 줄기는 녹색을 띠며 가시가 있고 자라면서 늘어지는 경향이 있습니다. 잎은 어긋나고 하나의 긴 잎자루에 3개, 혹은 5~7개의 작은 잎이 달립니다. 꽃은 품종에 따라 피는 시기와 기간이 다르고 홑꽃에서 겹꽃까지 모양과 빛깔을 달리합니다.

덩굴장미는 관목성 일반장미의 돌연변이로 알려져 있습니다. 그런데 이들은 옛날에는 5~6월 한철 꽃을 피웠지만, 근래에는 사계절 꽃이 핀다는 뜻에서 사계장미라 불리며 가을까지 계속 꽃을 피우는 품종도 나와 있습니다. 나무장미는 낙엽 관목으로 높이 1~2m 정도이고, 꽃은 5~6월에 가지 끝에 1송이 또는 여러 송이로 붉은색·노란색·흰색 등으로 피고, 열매는 긴 타원형으로 누르스름한 갈색으로 여뭅니다.

장미의 원종인 들장미는 중생대의 마지막 시기인 7천만 년 전인 백악기 후반에 태어난 것으로 여겨집니다. 중국에서 장미는 5세기에서 6세기에 걸친 육조 시대에 궁정이나 사원의 화원 등에서 원예의 일종으로 널리 재배된 듯합니다. 수많은 중국산 장미 가운데 가장 널리 알려진 품종으로는 다화(茶花)장미(들장미), 매괴(玫瑰), 월계(月季), 목향(木香), 다미(荼蘼) 같은 것들이 있는데, 아름다운 꽃과 향기로 사람들을 매료시킬 뿐만 아니라, 곧잘 아름다운 여인에 비유되곤 했습니다.

이 중에 화분에 심거나 꽃병에 꽂기에 알맞은 월계는 사계절 피는 품종으로, 꽃이 피는 기간이 길어 장춘화(長春花), 항춘화(恒春化), 월월홍(月月紅)이라고도 불립니다. 지조 있는 꽃이라고 시인들이 찬양하는 월계는 다른 장미보다 꽃이 피는 기간이 길기 때문에, '장춘(長春, 영원한 번영)'이라는 꽃말을 갖고 있습니다.

장미는 세련된 꽃 모양과 화려한 색채, 그리고 감미로운 향기 덕분에 시와 노래에서 아름다움을 대표하는 꽃으로 사랑을 독차지해 왔습니다. 『삼국사기』 설총전의 「화왕계」 가운데 장미가 나오는 것을 보면 우리나라의 장미 재배 역사는 삼국 시대 또는 그 이전으로 거슬러 올라감을 알 수 있습니다. 그런데 여기에 나오는 장미는 오늘날 우리가 보는 장미가 아니라 같은 장미과에 속하는 해당화(*Rosa rugosa var. rubra*)를 가리킵니다. 「화왕계」에는 다음과 같이 자신을 소개하며 등장합니다. "저는 눈처럼 흰 물가의 모래를 밟고, 거울처럼 맑은 바다를 마주 보며, 봄비로 목욕하여 때를 씻고, 맑은 바람을 상쾌하게 쐬면서 유유자적하는데, 이름은 장미(薔薇)라고 합니다."

이 꽃을 저버릴 수 없기 때문이라네

고려 때도 장미는 시인 묵객들이 가꾸며 사랑하던 꽃이었습니다.

지난해 꽃을 심을 때도
그대 마침 찾아왔었지
두 손으로 진흙땅을 파 주고는
술을 마주 나누며 거나하게 취했었지
올해도 꽃이 한창 피자
그대 또 어디에선가 찾아왔구려
꽃이 그대에게만 유독 두터이 대하니
혹시 전생에 빚진 일이라도 있었던가
심던 그날에도 술을 들었으니
흐드러지게 핀 오늘이야 어찌 안 마시랴
이 술을 그대 사양하지 말게
이 꽃을 저버릴 수 없기 때문이라네

「집 정원의 장미 아래 술을 마시다. 전이지에게 주다」라는 제목으로 쓴 이규보의 시입니다. 장미를 심던 날 벗이 때마침 찾아와서 술을 마셨는데, 이듬해 장미꽃이 활짝 피었을 때 그 벗이 다시 찾아왔습니다. 그래서 장미 꽃 아래서 술을 마시며 벗과 장미의 유별난 인연을 시로 읊은 것입니다.

장미 가운데 사계화(四季花)라는 품종이 있는데, 사시사철 꽃이 피어서 더욱 남다른 사랑을 받았습니다. 이규보는 사계화에 대해 시 몇 수를 남기고 있는데 다음은 「사계화」란 제목의 3수 중 하나입니다.

설매(雪梅)와 국화는 공교히 찬 기운 범하지만
경박한 봄 꽃은 이미 범하지 못하는데
이 꽃 네 계절 계속 피어 있는 것 보고서야
한 계절에만 아름다운 꽃은 볼만하지 않다는 것 알았네

강희안은 『양화소록』에서 사계화에 대해 자세히 설명하고 있습니다.[43] "이 꽃은 사철의 끝 달 계월(季月)마다 피기 때문에 세속에서 사계(四季)라고 부른다. (중략) 이 꽃에는 세 종류가 있다. 꽃이 붉고, 음력 3월, 6월, 9월, 12월마다 꽃이 피는 것을 사계라고 하고, 색이 희고 잎이 둥글고 큰 것을 월계(月季)라고 하고, 푸른 줄기가 꽃받침을 끌고 봄가을에 한 차례씩 꽃을 피우는 것을 청간(青竿)이라고 한다. 사계와 청간은 예쁘지 않다."

43 고려의 이규보는 장미와 사계화를 구분하여 시를 썼습니다. 조선 초기에 강희안이 쓴 『양화소록』에는 장미라는 항목은 없고, 사계화란 항목에서 장미 키우는 법을 소개하면서 사계화와 월계화를 구분해서 설명하고 있습니다. 그러나 일반적으로 사계화는 월계화(月季花, Rosa chinensis Jacq.)를 말합니다. 중국에서는 고대부터 널리 가꾸어 광둥(廣東) 부근에서는 이미 10세기에 월계화에 관한 기록이 보이고, 우리나라에는 12세기 이전에 도입된 것으로 추측됩니다. 즉, '월계화 = 사계화 = 사계장미'로 보입니다.

신명연, 〈산수화훼도〉, 조선 후기

전 세계 사람들이 사랑한 장미

장미는 동서양을 막론하고 꽃과 향기가 좋아 많은 사람에게 꽃의 여왕으로 불려 왔으며, 또한 여러 시대와 문화에서 상징하는 것이 많았습니다.

그리스신화에서는 꽃의 여신이 태양의 신 아폴로에게서 생명을, 미의 여신 아프로디테에게서 아름다움을, 술의 신 디오니소스에게서 꽃과 향기를 얻어 소생시킨 요정이 장미꽃이 되었다고 하며, 로마신화에서는 비너스가 흘린 눈물에서 생겨났다고도 합니다.

서양 미녀의 대표격인 클레오파트라(B.C. 69~B.C. 30)는 안토니우스를 유혹하기 위해 실내를 전부 장미꽃으로 장식하고 바닥에도 두껍게 장미꽃을 깔았는가 하면, 나폴레옹의 황후인 조세핀(1763~1814)은 장미 수집광으로 유명해 전 세계에서 수집한 250여 종, 3만 주에 달하는 장미로 유럽에서 가장 아름다운 장미원을 조성하기도 했습니다.

장미는 회교도에게 '신성한 꽃'으로 인기를 모았습니다. 지상에 방울방울 떨어진 예언자 마호메트의 땀에서 장미꽃이 생겨났다는 전설이 전해지고, 페르시아의 정원에서 가장 중요한 꽃이 장미였으며, 장미를 가리키는 페르시아어가 꽃을 나타내는 일반명사일 정도입니다.

잉글랜드의 옥좌를 쟁탈하기 위해 벌어진 장미전쟁(1455~1485) 동안 흰 장미는 요크 왕가를, 붉은 장미는 랭커스터 왕가를 의미했습니다. 장미를 원예 식물로서 본격적으로 재배하게 된 것은 16세기경 영국과 프랑스에서였으며, 이후 영국의 나라꽃은 장미가 되었습니다.

그러나 오늘날 우리 주변에서 흔히 볼 수 있는 장미와 그 옛날의 장미는 다르다고 보아야 합니다. 현대의 장미는 북반구의 온대와 아한대에 걸쳐서 서식하는 수많은 야생 장미들을 교배해서 만들어진 개량종입니다. 꽃이 매우 아름답고 색깔이 다양하며 향기가 대단히 좋아서 세계적으로 널리 사랑받고 있는데, 야생의 장미는 원래 봄철 한 계절에만 피던 꽃이었는데, 현재의 장미는 봄부터 가을까지 계속해서 개화가 가능한 품종도 있습니다.

아시아의 장미가 유럽에 도입된 때는 18세기 말이라고 합니다. 그리고 이때 아시아 원종과 유럽 원종 사이에 교배가 이루어져 화색과 화형은 물론 꽃의 크기와 향기, 사계성[44] 등 생태적으로 변화가 많은 품종들

44 해의 길고 짧음에 관계없이 다른 조건이 유리하게 되면 수시로 꽃이 피는 성질을 뜻합니다.

이 만들어지게 되었습니다. 1867년 라 프랑스(La France)라는 품종이 개발되면서 이 계통의 장미를 하이브리드 티 장미(HT: Hybrid Tea rose)라고 이름 붙였습니다. 꽃이 겹꽃으로 크고 가시가 많으며, 향기가 강하고 한 줄기에서 여러 차례 꽃이 피고 꽃빛깔은 흰색·분홍·노랑·빨강·보라 등 다양한 것이 특징입니다. 그래서 1867년 이전의 장미를 고전장미(Old garden rose), 하이브리드라는 교잡종이 탄생한 1867년 이후의 장미를 현대장미(Modern garden rose)라고 부릅니다.

장미 심고 키우기

장미는 가장 대중적이고 인기가 높은 꽃나무의 하나로 우아한 꽃에서 달콤한 향기가 납니다. 기후 환경은 하루에 6시간 이상의 햇빛이 요구되며, 생육 적온은 18~20℃입니다. 장미는 적당히 비옥하고 부식질이 풍부하며, 습기가 있지만 배수가 잘되는 토양에서 잘 자랍니다. 꽃이 피는 방식에서 사계성과 봄부터 초여름에 걸쳐 피는 종류로 나눌 수 있습니다. 사계성은 봄부터 가을까지 꽃을 피우는 것으로, 사계라고 해도 기본적으로 겨울에는 꽃이 피지 않습니다.

일반적으로 노지에서 그대로 월동해도 큰 지장은 없지만, 좋은 꽃을 매년 피우기 위해서는 월동 전에 강전정을 하고, 월동 시 얼어 죽지 않도록 방한용 짚과 새끼줄 등으로 피복을 해 줍니다. 장미는 자연스런 수관이 부채꼴입니다.

장미를 옮겨 심는 시기는 가을과 봄, 두 번인데 추운 지방에서는 이른 봄, 될 수 있으면 3월 말 이전에 심어야 꽃을 제대로 볼 수 있으며 이식

시에는 뿌리가 마르지 않도록 각별히 주의해야 합니다. 뿌리가 마르면 고사하기 쉽습니다. 또한 식재 시기가 늦어질수록 활착률이 떨어지거나 늦어져 생육이 불량하게 됩니다. 장미는 병충해에 약해 적기 예방이 중요하고 특히 갓 자라나는 새순에는 진딧물이 잘 생깁니다.

장미는 3월부터 5월 초순경에 활동을 시작해 가지에 붙은 눈에서 뻗은 가지의 끝에 꽃눈을 붙이고 그해에 꽃을 피웁니다. 이 때문에 겨울의 전정은 비교적 자유롭게 할 수 있습니다. 꽃이 핀 가지는 성장을 멈추므로 특히 사계성은 다시 꽃을 피우기 위해 여름에도 전정을 할 필요가 있습니다.

장미는 강전정을 하게 되면 꽃의 수는 줄어들지만 큰 꽃을 피웁니다. 만약 화단에서 즐기기 위해서라면 약전정을 해서 꽃의 수를 많게 하여 감상하는 편이 좋습니다. 가지가 옆으로 넓게 뻗을 수 있도록 전정을 해 주면 수관부 전체가 햇볕을 많이 받아서 꽃이 많이 피고 병충해에도 강해집니다. 겨울전정을 할 때는 건강한 가지는 반 정도 잘라 주고, 약하고 병든 가지는 잘라 냅니다. 다음 해 새로 나온 가지 끝에서 꽃이 피며, 꽃이 진 후에는 다시 잘라 줍니다.

번식은 종자, 삽목, 접목으로 합니다. 접목은 대목으로 2년생 찔레나 장미의 실생묘를 사용하는데 연필 정도의 굵기이면 좋습니다. 시기는 2~3월이며 접수로는 눈이 2개 붙은 전년생 가지를 5~6㎝ 길이로 잘라 사용합니다. 접목을 한 후, 고온 다습한 환경을 유지해 주며 햇빛을 가려 주고, 온도는 22~25℃를 유지해 줍니다. 삽목은 2~3월에 전년생 가지를 15㎝ 길이로 잘라서 삽수로 사용하거나, 6월 하순~7월에 녹지삽을 합니다. 종자 번식은 발아와 생육이 어려워서 대목 생산이나 신품종을

구스타프 클림트, <나무 아래 장미>, 1905

개량하는 경우를 제외하고는 잘 사용하지 않습니다.

장미는 관상용, 밀원용으로 가치가 높습니다. 장미꽃에는 꿀이 많아 양봉 농가에 도움을 줍니다. 장미꽃이나 열매에서 향이나 기름을 추출하여 화장품 원료나 향미유[45]로 씁니다.

45 香味油는 식품에 풍미를 더하기 위해 각종 향신료와 조미료 따위를 혼합해 만든 기름입니다.

그 마음이
아주 몹시 간절하여,
접시꽃

죽장에 몸 의지하니 젊은 종보다 낫고

아름다운 꽃가지 보노라니 가인을 만남 같구려

걷기 싫어 잠깐 앉아 지난 일 생각하니

사십 년 전 방랑하던 그 몸일레

곱게 핀 접시꽃(葵花)[46] 대 위에서 날 부르는데

대 높이 한 자지만 오르기 어렵구나

늙고 병들어 힘없는 몸이지만

균형이 무거워 감당치 못한 때문일세

---

46 여기에 나오는 규화(葵花)를 해바라기로 번역한 자료가 많지만 접시꽃으로 보아야 합니다. 해바라기의 원산지는 북미 온대 지역으로, 우리나라의 근대 농서에는 보이지 않는 것으로 보아 19세기 후반 이후에나 들어온 것으로 추정됩니다. 접시꽃도 잎 또는 꽃이 해를 따라 도는 습성이 있습니다.

접시꽃(*Alcea rosea*)은 아욱과에 속하는 두해살이 꽃입니다. 아시아가 원산지이고 2m까지 자랍니다. 줄기는 원통 모양이며 녹색이고 털이 있습니다. 잎은 서로 어긋나며 긴 잎자루가 있고 손 모양으로 5~7갈래로 갈라지며 가장자리는 톱니 모양을 하고 있습니다. 6월경에 꽃이 피기 시작하여 가을까지 피는데 무궁화꽃과 흡사하고 아래쪽에서 위쪽으로 차례대로 층층으로 피어 올라갑니다. 꽃의 빛깔은 적색·백색·분홍색·자색 등 여러 종류가 있으나 그중에서도 분홍색이 가장 흔합니다. 꽃잎은 겹겹으로 된 것도 있고 한 겹으로 된 것도 있습니다. 열매는 편평한 원형입니다.

어승화로 불리기도 하는 접시꽃은 인가에서 관상용으로 재배하는데, 정원에 심는 꽃 중에서 해바라기에 비할 수 있을 만큼 키가 큽니다. 줄기와 잎이 아욱과 비슷하나 좀 더 크고 고운 것이 다릅니다.

조선 초기에는 이두 이름으로 황촉화(黃蜀花)·일일화(一日花)라고 불렸으며, 『동의보감(東醫寶鑑)』에는 일일화로 수록되어 있습니다. 근래에는 꽃의 모양을 따서 접시꽃이라 하고 약용으로 황촉규라고 부르기도 합니다.

접시꽃은 우리나라에서 신라 말기 최치원의 시 「접시꽃(蜀葵花)」에 처음 등장하는데, 그는 엄격한 골품제 사회에서 육두품인 자신의 신분적 한계를 이 꽃에 비유하기도 하였습니다.

적막하여라 묵정밭 가까운 곳에
여린 가지 무겁게 다닥다닥 핀 꽃
향기는 장맛비를 거쳐 시들해지고
그림자는 훈풍을 띠고서 기우뚱

거마를 타신 어느 분이 감상하리오
그저 벌과 나비만 와서 엿볼 따름
출신이 천해서 스스로 부끄러워하는 터에
사람의 버림받는다고 원망을 또 하리오

접시꽃은 이후 고려 시대에 들어와 널리 재배된 듯합니다. 이규보의 시에 나오기도 하며, 고려 말에는 임금을 사모하는 마음을 나타내는 수단이 되기도 하였습니다. 고려 후기 안축(安軸, 1282~1348)의 시가와 산문을 엮은 『근재집(謹齋集)』에 수록된 「차운하여 남동년의 서루에 제하다(次韻題南同年書樓)」라는 시에는, "본성 기르고 소요[47]함은 노장[48]에게 배워서 / 높은 벼슬에 이르려고 꿈도 꾸지 않았네 / 백성 위해 역사서 읽은 공부가 깊어서 / 여전히 임금을 사모하는 마음[49] 있다오"라며 충을 노래했습니다.

또 조선 성종 때의 문신인 이승소(李承召, 1422~1484)의 문집인 『삼탄집(三灘集)』의 「청주에서 접시꽃을 읊다(淸州詠葵)」란 시는, "예로부터 만물 모두 해를 우러렀거니와 / 접시꽃만이 해를 향해 기운 건 아니네 / 그렇지만 그 마음이 아주 몹시 간절하여 / 만물 중에 가장 먼저 좋은 이름 얻었다네"라 노래하고 있습니다.

조선 후기 홍만선이 지은 농업서인 『산림경제』 양화(養花)편에는 접시꽃을 규화(葵花), 일명 촉규(蜀葵)라 하며 붉은색·흰색·검은색·분홍색 등

47 逍遙, 자유롭게 이리저리 슬슬 거닐며 돌아다님을 뜻하는 단어입니다.
48 老莊, 노자와 장자를 말합니다.
49 원문은 규심(葵心)으로, 접시꽃(葵)은 항상 태양을 향해 기울어지므로 늘 사모하여 잊지 못하는 마음을 비유하는데, 주로 신하가 임금을 향해 충성을 다하고 그리워하는 마음이란 뜻으로 사용됩니다.

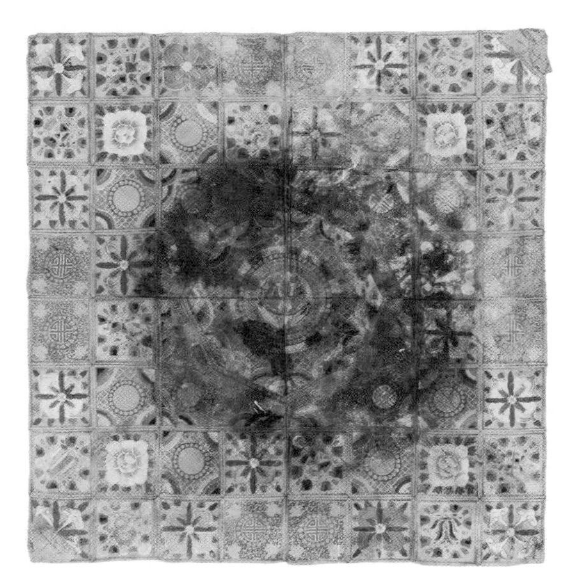

<봉황문 인문보(鳳凰紋引紋褓)>[50] 조선 시대, 국립고궁박물관 소장

몇 가지가 있고, 2월에 접시꽃 씨를 물에 담아 높이 뿌려 심으면 줄기도 역시 높이 자란다고 하였습니다.

문일평은 『화하만필』에서 접시꽃에 대해 다음과 같이 자세히 기술하고 있습니다.

촉규화(蜀葵花)는 경기도 말로 어승이, 황해도(西道) 말로 둑두화, 남도(南道) 말로 접시꽃이라고 한다. 이렇게 여러 이름이 있는 중에서도 접시

50 조선 궁중에서는 다양한 재질, 크기와 형태의 보자기가 널리 사용되었습니다. 중요한 예물은 비단 보자기와 끈으로 정성스럽게 포장하여 예를 갖추었으며, 침전이나 수라간, 곳간 등 궁궐의 생활 공간에서도 보자기는 여러 가지 물건을 싸고 덮는 필수적인 살림 도구였습니다. 보 중앙에 여러 겹의 연주문(連珠紋), 소용돌이문 등으로 둘러싸인 봉황 한 쌍을 그렸고, 그 주변은 격자형으로 분할하여 원수문(圓壽紋), 병문(瓶紋), 금정(金錠)·서각(犀角)·선보(扇寶) 등의 보문(寶紋), 모란과 접시꽃 등의 화문(花紋), 귤·복숭아·불수감(佛手柑)·석류 등의 과실문을 채워 넣었습니다. 이러한 문양들은 모두 장수, 부귀, 평안, 자손 번창 등을 비는 길상적인 뜻을 담고 있습니다.

꽃이 가장 부르기가 좋으니 여기서는 접시꽃으로 쓰게 되었다. 접시꽃은 그 줄기 그 잎은 물론이요, 그 꽃까지도 아욱과 비슷하나 좀 더 곱고 큰 것이 다를 뿐이다. 또 무궁화와도 같으나 그보다 오히려 더 크다.

이 꽃은 한번 심으면 그 뿌리에서 줄기가 항상 돋아나게 되어 식물학상 이른바 숙근초(宿根草)로 싱겁게도 맷맷한 그 키가 7, 8척이 되는 바 「화편」에는 이 꽃을 무당에 비하였으니 혹은 키 크고 아름답고 고와 무당이라고 했는지는 모르거니와 어쨌든 정원에 재배하는 초화치고 키 크기로 유명하므로 일장홍(一丈紅)이란 별명이 있는 것이다. 꽃빛은 붉은 것과 자색과 하얀 것들이 있어 제각기 뛰어남을 자랑하되 그중에 분홍이 가장 산뜻하게 곱다.

장독간에 접시꽃은 어제 온 새각신가
분홍 치마 휩싸 쥐고 나를 보고 방끗방끗

이것은 아이들이 부르는 동요로서 특히 분홍빛 그것을 예찬한 것은 새각시가 흔히 분홍 치마를 입는 습속이 있으므로 해서 그리한 것만이 아니라 원체 그 빛이 곱기 때문이었다.

접시꽃은 관상용으로 주로 울타리나 담을 따라 많이 심어 왔으며, 꽃을 촉규화, 뿌리를 촉규근(蜀葵根)이라 해 한방에서 부인들의 대하증 치료에 묘약으로 씁니다. 또 이뇨 작용이 있으며, 통경제(通經劑)로 토혈에 처방·배합하고 있습니다.

굶주린 아이에게
조팝꽃을 알리지 마라

알알이 동그라나 누렇지 않아

기장밥과 꼭 같지는 못하구나

굶주린 아이에게 이 꽃 이름 알리지 마라

밥을 찾아 숲속을 울며 헤맬라

조팝나무(*Spiraea prunifolia var. Simpliciflora*)는 장미과 조팝나무아과에 속하는 낙엽 관목입니다. 전국의 산과 들에서 매우 흔하게 자라는 나무로, 꽃이 핀 모양이 튀긴 좁쌀이 다닥다닥 붙은 것 같다고 하여 조밥나무라고 부른 데서 이름이 유래했습니다. 쌀밥을 이밥이라 하고 이밥나무에서 이팝나무로 바뀐 것과 마찬가지라 할 수 있습니다. 꽃이 겹으로 피는 만첩 조팝나무가 기본종이며, 이에 비교해서 홑조팝나무라고 합니다.

나무의 높이는 1.5~2m 정도로 꽃은 4~5월에 잎겨드랑이에 자잘한 꽃이 흰색으로 피고, 열매는 8~9월에 검은 갈색으로 여뭅니다. 봄에 잎이 피기 전에 무수히 많은 흰 꽃들이 길게 늘어진 가지를 뒤덮으며 피어서, 나무 전체가 흰 눈에 덮인 것처럼 보이기 때문에 대단히 아름다우며, 개화기는 15일 정도로 깁니다. 5장의 꽃잎은 각각 달걀을 거꾸로 세워 놓은 모양이나 타원형이고, 길이는 4~6㎜로 작습니다. 타원형의 잎은 가장자리에 작은 톱니가 빼곡하게 나 있고 줄기에 서로 어긋나게 달립니다. 여러 개의 가는 줄기가 밑에서 무수히 발생해서 포기를 이루며, 바깥쪽의 줄기는 밑으로 둥글게 드리워집니다.

조팝나무의 학명에서 속명인 spiraea는 그리스어의 '나선상' 또는 '화환'을 나타내는 speiraira에서, 종명인 prunifolia는 prunus속과 같은 라틴어로 '자두'를 뜻하는 plum에서 유래하였습니다. 변종명인 simpliciflora는 '갈라지지 않는 꽃'을 의미하며, 영어 이름은 신부의 화환을 의미하는 Bridal wreath입니다.

조팝나무는 잎이 나오기 전에 나무 전체를 뒤덮는 흰 꽃이 아름다워 정원이나 공원에서 가장 인기 있는 관목 중의 하나입니다. 연못가나 하천변에 식재하면 잘 어울리며, 상록수와 같이 배식해도 좋습니다. 군집생활을 좋아하기 때문에 경계식재, 생울타리, 도로의 비탈면이나 옥상 조경용으로도 심습니다.

조팝나무는 따뜻한 햇볕이 내리쬐는 곳이면 산자락이든 논둑이든 가리지 않고 잘 자랍니다. 척박한 토양에서도 잘 견디는 반면에 공해에는 비교적 약한 수종으로 알려져 있습니다. 강건하고 병충해의 피해가 적고 키우기 쉬운 화목으로, 비옥하고 물 빠짐이 좋은 양달~반음지의 토양을 좋아합니다. 이식 적기는 3월경이며 포기가 큰 나무를 이식할 때는 5주 정도씩 나누어서 옮겨 심습니다.

꽃은 2년생 가지에 달리므로 전정은 일단 꽃이 핀 다음 하는 것이 좋습니다. 넓은 곳에 식재한 경우에는 전정할 필요가 없지만, 가지의 폭을 제한하고 싶을 때는 원하는 길이를 남기고 잘라 줍니다. 맹아력이 강해 강전정에도 견디며, 잘라 주는 위치에 따라 수형이 달라집니다. 나무의 중간 부분에서 잘라 주면 키가 커지고 아래로 처지며, 아랫부분에서 잘라 주면 키가 작아지고 가지가 위로 뻗습니다. 전정을 낙엽기에 하면 크기나 형태를 정비하기 쉽습니다.

번식은 종자와 분주, 삽목으로 합니다. 가을에 종자를 채취하여 이끼 위에 파종하면 발아가 잘됩니다. 분주는 3월 상순에 포기가 큰 나무를 파서 뿌리가 붙어 있는 것을 3~5개씩 나누어 옮겨 심으면 잘 삽니다. 삽목은 봄에 전년생 또는 2년생 가지 중 건강한 부분을 15㎝ 정도로 잘라 1시간 정도 물을 올려 삽목상에 꽂습니다. 삽목 후에는 반그늘에 두거나 차광하여 직사광선을 피할 수 있는 곳에 두고, 건조하지 않도록 관리합니다. 발근하고 눈이 나오기 시작하면 서서히 햇볕이 비치는 곳에 두었다가, 다음 해 봄에 이식합니다.

꽃이 핀 가지는 꽃꽂이용으로도 이용되며, 흐드러지게 피는 꽃은 꿀을 많이 함유하고 있어서 좋은 밀원식물이 되고 있습니다. 잘린 줄기에서 새봄에 돋아나는 어린 싹은 부드럽고 맛도 좋습니다. 금방 데쳐 나물로 먹거나 말려서 묵나물로도 이용합니다. 연한 싹을 5㎝ 길이로 뜯어 된장이나 고추장 항아리에 넣어 장아찌를 만들면 1년 내내 두고 먹을 수 있는 밑반찬이 되기도 합니다.

패랭이꽃은 소년

절조는 대나무처럼 고상한데
꽃이 피면 아녀자들이 좋아하네
찬 가을엔 그만 떨어져 버리니
석죽이란 이름 분수에 넘치지 않나

패랭이꽃(*Dianthus chinensis* L.)은 패랭이꽃과(석죽과)에 속하는 숙근성의 여러해살이풀입니다. 전국의 산과 들의 건조한 곳이나 냇가, 모래땅, 양지바른 곳 등 어디에서나 볼 수 있습니다. 한국, 유럽, 중국, 일본, 시베리아 등 세계 각지에 분포하여 있으며, 환경을 가리지 않고 척박한 곳에서도 잘 자라지만 습지에는 약합니다.

높이가 30~60㎝로 줄기가 가늘지만 마치 대나무처럼 마디가 뚜렷합니다. 마디 사이에는 폭이 좁고 길쭉한 이파리가 마주 나며, 많은 줄기가 한 뿌리에서 납니다. 꽃은 한 줄기에 많은 봉오리가 맺어서 잇달아 핍니다. 여름에서 초가을까지 줄기 위쪽의 잎겨드랑이에서 가지를 내어 그 끝에 자그마한 꽃이 하나씩 피어나는데 홑꽃과 겹꽃이 있으며 꽃이 가늘게 갈라지는 것도 있습니다. 꽃의 색깔은 붉은색, 자주색, 분홍색, 흰색 등 다양합니다. 열매는 아랫부분에 꽃 꼬투리를 남기고 위쪽이 열려 벌어지며, 씨앗은 검은 깨보다 더 작으며 씨앗주머니 속에 가득 담겨 있습니다.

우리의 꽃노래인 『화편』에서는 "박꽃은 노인이요 석죽화(石竹花)는 소년"이라고 하였습니다. 석죽화는 패랭이꽃의 한자어로, 꽃과 줄기가 앙증맞을 정도로 작아 소년이라 한 것 같습니다. 패랭이는 조선 시대에 일반 서민이 쓰던 모자로 꽃 모양이 마치 패랭이와 같다고 하여 붙여진 이름입니다. 한편 석죽화란 이름은 돌밭 같은 거친 땅에서 자라고 대나무처럼 마디가 있다고 하여 붙여진 이름이라 여겨집니다.

모란이나 작약이 귀족적이고 화려한 꽃이라면, 패랭이꽃은 서민적이고 대중적인 꽃이라 할 수 있습니다. 모란이나 작약처럼 왕후·귀족의 총애를 받지는 못했지만, 평범한 고려인들의 사랑을 받은 꽃으로 문신 정습명(鄭襲明, ?~1151)의 시 「석죽화」가 『동문선』 제9권에 보입니다.

세상 사람이 붉은 모란을 좋아하여
뜰에 가득히 심어 두지만
누가 알리 거친 풀 벌판에도
역시 좋은 꽃 포기가 있는 줄을
빛은 마을 연못 달에 스며들고

향은 언덕 나무 바람에 풍겨 오네

궁벽한 땅에 귀공자 적으니

그 고운 자태 다만 촌옹村翁에게 붙이누나

문일평은 「석죽화 읊은 시인」이란 글에서 위 시를 인용하면서, 귀족적 꽃이 아닌 '민중적 꽃'인 석죽을 노래한 정습명은 시인으로서도 독특한 심미안을 가졌다 했습니다. 또한, "그는 의종(毅宗)에게 일사(一死)로써 직간(直諫)한 충신인 바 후손에 정몽주 같은 위인이 난 것도 우연이 아니거니와 석죽화가 이런 충신에게 애상(愛賞)을 받은 것은 기연(奇緣)이라면 기연이다."고 했습니다.

또 『화하만필』에서는 봄에 꽃이 반쯤 필 때 꺾어서 무를 거꾸로 달고 그 위에 꽂았다가 작은 화분에 옮기고 때때로 물을 주면 꽃이 진 뒤에 뿌리가 돋아나니 이렇게 하는 것이 꽃 보고 씨 받는 기법(奇法)이라고 하였습니다.

패랭이꽃 종류는 온대에서 한대에 걸쳐 약 100종류가 분포하고 있는데, 넓은 뜻에서는 카네이션도 포함시킵니다. 본래는 여러해살이 풀인데 가을뿌림을 하는 석죽, 술패랭이꽃 등은 원예상 1년초로, 야생 패랭이꽃은 숙근초로 취급되고 있습니다.

패랭이류는 배수가 잘되는 곳에서 가꾸는 것이 중요합니다. 건조에는 매우 강하나 과습은 싫어하여 돌담 위 같이 습기가 없는 곳에서 잘 자랍니다. 숙근성 종류는 특히 습기에 유의해야 합니다.

번식은 파종과 순꽂이로 합니다. 파종은 9월 하순이나 3월경에 하며, 발아 온도는 15~20℃입니다. 파종상을 만들어 뿌리며, 복토는 씨앗이

작자 미상, 〈花蝶怪石圖(괴석, 백합, 패랭이, 나비, 잠자리, 벌)〉, 조선 시대

보이지 않을 정도로 얇게 덮어 줍니다. 발아하여 본 잎이 3~4매가 되면 20㎝ 간격으로 정식합니다. 가을에 파종한 것은 이듬해 5월부터 개화합니다.

순꽂이는 4월에 3~4마디를 잘라서 마사토나 강모래에 꽂으면 활착이 잘됩니다. 포기 나누기도 수시로 할 수 있으나 포기의 밑동이 한 덩어리이므로 나누기 힘듭니다.

황매화는
황금을 오린 듯

잎은 푸른 옥을 마름질한 듯 꽃보다 앞서 나고

꽃은 황금을 오린 듯 잎보다 뒤에 펴지네

세상에서 지당地棠이라지만 그 뜻은 알 수 없어

글자를 잘못 알아 그리된지 뉘 알리요

황매화(黃梅花, *Kerria japonica*)는 낙엽 관목으로 매화를 닮은 노란색 꽃이 핀다 하여 붙여진 이름입니다. 황매화는 사람 키 남짓한 작은 나무이며 많은 곁줄기를 뻗어 무리를 이루어 자랍니다. 가지나 줄기는 1년 내내 초록빛이며 가늘고 긴 가지들은 아래로 늘어지는 경우가 많습니다. 잎은 긴 타원형으로 때로는 깊게 패고 이중 톱니가 있습니다. 4~5월에 가지 끝에서 한 송이씩 피어나는 꽃은 노란색이며 꽃자루가 2㎝로 자랍니다. 꽃잎과 꽃받침은 다섯 장이고 수술이 많아 화려하게 보이는 데다 개화 기간이 길어서 관상 가치가 높습니다. 열매는 초가을에 꽃받침이 남아 있는 채로 안에 흑갈색의 씨앗이 익습니다.

황매화 속에는 황매화 단 한 종밖에 없으며, 우리나라에는 꽤 오래전에 들여온 귀화 식물입니다. 꽃잎이 겹꽃인 것을 죽도화 혹은 죽단화라고 하는데, 이는 대나무와 같이 푸른색 줄기를 가지고 있어서 붙여진 이름입니다. 중국에서는 황매화를 체당화(棣棠花) 혹은 지당화(地棠花)라고도 하며, 출단화(黜壇花)로도 불립니다. 출단화는 단(壇)에서 쫓겨났다는 뜻이며, 반대로 단에서 쫓겨나지 않고 살아남은 꽃을 '어류화(御留花)'라 불렀는데 어떤 꽃인지 불분명합니다.

중국의 황제는 음양오행으로 나라를 다스렸습니다. 당나라 황제는 음양오행에 따라 물의 명, 즉 수명(水命)을 받았기에 황색을 꺼려, 궁궐이나 사찰에 심었던 황색의 황매화를 제단에서 없앴다고 합니다. 이규보의 『동국이상국집』 후집 권3에는 이러한 내용이 포함된 시가 실려 있습니다.

옛날 군왕이 정사가 한가로운 틈을 타서
단위에 꽃을 기르면서 꽃을 골라 감상하였네
황제가 남겨 둔 것은 어류화뿐이고
이 꽃은 내려치니 이름이 출단이라네

황매화는 선명한 노란색으로 피는 꽃들이 줄기를 따라서 만개하면 나무 전체가 황금색으로 뒤덮여 매우 아름답습니다. 개화 기간도 길고, 가을에 노란색으로 물드는 단풍도 아름다우며, 낙엽이 진 뒤에 뚜렷하게 드러나는 푸른색의 줄기도 관상 가치가 있습니다.

죽단화를 황매화라고 잘못 부르는 경우가 많은데, 이는 홑꽃인 황매화보다 겹꽃인 죽단화가 더 아름답고 수형도 좋아서 더 많이 심어 왔기 때문입니다. 개화기가 아니면 황매화와 죽단화는 서로 구별하기가 매우 힘듭니다. 황매화는 하트 모양의 잎 밑부분이 가지와 겹쳐 있으며, 죽단화는 좌우 대칭이 되고 겹치지 않습니다.

황매화는 가늘고 긴 가지들이 밑에서 촘촘히 나오고 바깥쪽의 가지들은 밑으로 길게 늘어져서 자랍니다. 생장이 빠르며, 음지와 양지를 가리지 않고 잘 큽니다. 추위와 공해에 강하며, 습기가 많고 비옥한 식양토 및 사양토가 적당합니다. 이식은 10~11월 혹은 3월이 적기이며 포기 나누기를 겸해서 하는 것이 좋습니다.

전정은 1~2월에 말라 죽은 가지를 제거하여 정리해 줍니다. 가지가 복잡하게 자랐을 때는 묵은 가지를 밑동에서 잘라서 솎아 줍니다. 오래 묵은 가지에서도 꽃이 피지만 3~4년에 한 번씩 잘라 주어서 새 가지를 나게 하면 수형이 유지됩니다. 가지치기는 꽃이 진 직후에 하며 여름에 꽃눈이 분화하므로 가을부터 겨울 사이에는 하지 않습니다.

황매화의 번식은 종자, 꺾꽂이, 포기 나누기 등으로 합니다. 10월에 잘 익은 종자를 채취하여 과피를 제거하고 바로 파종하거나, 노천 매장하였다가 다음 해 3월 하순~4월 상순에 파종합니다. 종자가 건조하지 않도록 주의합니다. 숙지삽은 가지에서 싹이 나오기 전에 지난해에 자란 가지를, 녹지삽은 그해에 자란 푸른 가지를 6월 하순~7월 상순에 채취하여 꺾꽂이합니다. 삽수의 길이는 10㎝ 정도가 적당하며, 삽수 길이의 반 정도가 묻히게 막대기로 구멍을 뚫고 꽂아 줍니다. 바람이 불지 않는 반그늘에 두어 관리하고, 다음 해 봄에 이식합니다. 휘문이는 가지를 구부려 지면으로 유인하고 주위에 흙을 높게 쌓아 두면 발근하는데, 이것을 떼어 내어 옮겨 심습니다.

겹꽃은 죽단화

식물학적으로 죽단화는 여러 장의 꽃잎으로 이루어진 겹꽃이 특징이며, 홑꽃이 피는 황매화의 품종으로 취급하고 있습니다. 두 종류는 모두 관상용으로 심는데 황매화보다는 죽단화가 훨씬 화려해서인지 더 많이 눈에 띕니다. 죽단화는 노란색의 꽃이 겹겹으로 피는 낙엽성의 키 작은 나무입니다. 열매를 맺지 않으며, 지방에 따라 죽도화 또는 산당화, 겹황매화로 부르기도 합니다. 나무의 키가 2m 정도이므로 작은 정원의 관상수로 키울 수 있고 아파트나 공원에서는 울타리용으로도 심을 수 있습니다.

죽단화는 생장 속도가 빠르고 양지는 물론 반그늘에서도 잘 자랍니다. 추위와 공해에도 비교적 강하며, 비옥하고 습기가 많은 땅이 키우기에 적당합니다. 가정에서 죽단화를 키울 때는 묘목으로 키우는 것이 좋고 꺾꽂이를 하려면 3월에 작년에 나온 가지를 잘라 이용합니다. 또한 포기나누기에 의한 분주 번식도 가능하기 때문에 뿌리를 나누어 심어도 잘 성장합니다.

2

나무

나부끼는 잎새는 구슬처럼 흩어졌어라

술 취한
양귀비 같은
해당

하 곤하여 머리 숙인 해당화

양귀비 술 취한 때 같구나

꾀꼬리 소리에 고운 꿈 깨어

방긋이 웃는 모습 더욱 곱구나

이 시는 『동국이상국집』 전집 16권에 나오는 「해당(海棠)」이란 제목의 시로 여기에서의 해당은 바닷가에 자라는 해당화가 아니라 꽃사과 종류의 해당을 가리킵니다. 우리나라에는 장미과 장미속 소속의 해당화라는 나무가 따로 있지만, 중국에서는 장미과 사과나무속의 나무를 해당화라 부르며, 서부해당·수사해당·운난해당·호북해당 등 10여 가지 종류의 해당화가 있습니다. 이들은 서로 비슷하지만 약간씩 다른데 우리나라에서는 이들을 대부분 꽃사과라고 부르는 경우가 많습니다. 꽃사과는 모양이 매우 다양하여, 학자들 사이에서 그 분류학적 위치를 두고 의견이 분분한 것도 바로 이 때문이라 합니다.

꽃사과는 중국이 원산지인 나무로 사과처럼 큰 열매가 아닌 2~3㎝ 정도의 작은 열매가 대롱대롱 열리는 나무입니다. 게다가 늦은 겨울까지 열매가 달려 있기 때문에 열매의 아름다움을 오랫동안 감상할 수 있고, 겨울철 새의 먹이로도 좋습니다.

당나라 현종(재위 712~756)이 봄 정취를 즐기기 위해 양귀비(719~756)를 불렀을 때, 양귀비가 술에 취한 얼굴로 나왔습니다. 현종이 아직 술에 취해 있느냐고 묻자 양귀비가 대답하기를 "해당미수각(海棠未睡覺)", 즉 "해당은 잠이 부족할 따름입니다."라고 대답했습니다. 양귀비는 스스로를 해당에 비유했는데, 여기서 해당이란 해당화를 의미하는 것이 아니고 꽃사과, 그중에서도 수사해당을 의미하는 것으로 여겨집니다.

수사해당(垂絲海棠, *Malus halliana*)은 2~5㎝ 정도의 실처럼 긴 꽃자루 끝에 은은한 연분홍색 꽃을 드리운다 하여 꽃자루가 밑으로 길게 처진다는 뜻의 수사(垂絲)라는 이름이 붙여졌습니다. 꽃잎은 겹꽃이고 5~15개 정도가 모여서 피며, 특히 꽃이 피기 직전의 꽃봉오리는 붉은빛이 더 진해서 매우 아름답습니다. 꽃은 지름이 2.5~3.5㎝ 정도이고, 흰빛과 붉은빛이 서로 섞여서 다양한 색채를 띠며, 나무 전체를 뒤덮으면서 피어납니다. 열매의 크기는 아그배나무 열매보다 작고, 성숙해도 암적색으로 색깔이 선명하지 않아서 눈에 잘 뜨이지 않습니다. 건조에는 강하지만, 토양에 습기가 많으면 뿌리와 줄기가 썩게 됩니다.

꽃사과 심고 키우기

꽃사과 종류는 공원이나 아파트 등에 널리 심어져서 흔히 볼 수 있는 조경수이며, 만개하면 꽃이 온 나무를 뒤덮어 장관을 이룹니다. 꽃의 색과 모양이 다양하기 때문에 심는 곳에 잘 어울리는 종류를 선택하여 심으면 좋습니다. 가을에 주렁주렁 열리는 작은 열매도 관상 가치가 있으며, 새들의 좋은 먹이가 됩니다.

심는 장소는 적당히 비옥하고 다습하지만, 배수가 잘되는 토양이 좋습니다. 꽃사과 종류는 내한성이 강한 편이며, 햇빛이 잘 비치는 곳이 적지이지만 반음지에서도 잘 자랍니다. 이식 적기는 3월 중순 또는 10~11월입니다. 4~5년 이상 되는 큰 나무는 이식하기 6개월 전에 뿌리돌림을 해서 잔뿌리가 많이 나게 하는 것이 좋습니다.

번식은 아그배나무, 야광나무, 사과나무 등을 대목으로 사용하여 접붙이기로 합니다. 1~2개월 전에 접수를 채취해서 모래 속에 저장해 두었다가 4월 중순경 지온이 15℃ 이상 오르면 깎기접으로 접을 붙입니다.

식물학상
풀에 가까운
대나무

대는 곧고 굳세지만

또한 아이 안을 때가 있네

아름다운 줄기 되기 전에는

아직 비단 껍질에 싸였도다

뾰족한 뿔 막 나오면

줄기 기다랗게 금세 자라네

그중에는 하늘에 닿는 줄기도 있어

먹으면 배고픔도 참을 만하네

대나무는 외떡잎 식물로 벼과화본과에 속하는 상록성의 여러해살이 목본인 대나무류를 총칭하는 말이지만, 특히 키가 큰 왕대(*Phyllostachys bambusoides*) 계통만을 대나무라 부르기도 합니다. 학자에 따라서는 대나무의 위치가 벼과 중에서도 매우 독특하므로 대나무과로 따로 나누기도 합니다.

우리가 흔히 보는 대나무는 '왕대'를 말하며, 왕대는 중국에서 들어온 대나무 수종입니다. 왕대가 들어오기 전의 우리나라 대나무는 '조릿대'라는 이름으로 알려진 나무로, 왕대가 충청 이남에서 자란다면 조릿대는 우리나라 전국에서 생장이 양호한 나무입니다.

왕대는 늘푸른큰키나무로 높이는 10~20m 정도이고, 잎가장자리는 잔톱니 모양입니다. 줄기는 녹색으로 곧게 자라고 속이 비어 있으며, 마디 사이가 길고 마디에서 2개의 가지가 자랍니다. 왕대나 맹종죽 등은 원래 열대 지방에서 자라던 식물인데, 쓰임새가 많기 때문에 우리나라에서도 오래전부터 심어서 가꾸어 왔습니다. 사철 푸른 대나무 종류는 일반 나무와 다른 독특한 형태를 갖고 있으며 우아한 기품이 있습니다. 줄기는 마디 사이가 길며 윗부분은 처지지 않습니다. 줄기의 색깔은 녹색에서 황록색으로 변하며, 잎은 맹종죽보다 더 큽니다. 우리나라의 죽림은 대부분 왕대가 차지하고 있습니다. 죽순을 식용할 수는 있지만, 맹종죽이나 솜대에 비해서 쓴맛이 나며 죽순이 나오는 시기가 다소 늦습니다.

예로부터 대나무와 관련해 신비한 이야기가 많이 전해지고 있습니다. 중국에서는 태고시대인 삼황오제(三皇五帝) 시대의 마지막이 되는 순(舜)임금과 관련해 다음과 같은 이야기가 등장합니다. 바로 아황(娥皇)과 여영(女英)으로 요임금의 딸이자 순임금의 비(妃)인데, 순임금이 창오의 들판에서 세상을 떠나자 식음을 전폐하고 통곡하다 피를 토하며 죽었다 합니다. 이때 소상강의 대숲에서 흘린 피눈물이 대나무에 붉은 반점으로 남았고 이 대나무를 상비죽(湘妃竹) 또는 반죽(斑竹)이라 부르게 되었다는 것입니다.

우리 역사에서는 신라 시대에 동해의 용에게서 받은 신비한 대나무로 만든 만파식적(萬波息笛) 이야기와 "임금님의 귀는 당나귀 귀처럼 생겼다."고 입바른 소리를 외쳐 대다가 베어진 대숲 이야기가 『삼국유사』에 전해집니다.

신문왕 2년(682)에 왕이 용으로부터 영험한 대나무를 얻어 피리를 만들었는데, 이것을 불면 적병이 물러가고, 병이 낫고, 가물 때는 비가 오며, 장마가 개고, 바람과 물결도 잠잠해졌다고 하여 만파식적이라 하고 나라의 보배로 삼았다 합니다.

경문왕(재위 861~875)이 왕위에 오른 뒤 귀가 갑자기 길어져서 당나귀 귀처럼 되었습니다. 왕후와 궁인들 모두 이러한 사실을 모르고, 오직 두건을 만드는 장인 한 사람만이 알고 있었습니다. 그러나 그는 평생토록 사람들에게 말하지 않다가, 죽을 때가 되어서 도림사(道林寺)의 대나무 숲속에 들어가서 "우리 임금님 귀는 당나귀 귀처럼 생겼다!"고 외쳤습니다. 그 후로 바람이 불 때마다 대나무 숲에서 똑같은 소리가 났고, 왕이 이 소리를 싫어해서 대나무를 베어 버리고 산수유를 심었습니다. 그러자 바람이 불면 "우리 임금님 귀는 길다."는 소리만 났다고 전합니다.

하루에 54㎝까지 자라

대나무는 땅속줄기(地下莖)가 길게 옆으로 뻗으며 마디마디에서 뿌리와 순을 틔워 번식하는데, 아무리 큰 종류도 키가 1년 안에 다 자랍니다. 구체적으로는 5월 중순에서 6월 중순에 걸쳐 나오는 죽순은 수십 일 만에 다 크며, 그 뒤에는 더 이상 굵어지거나 키가 자라지 않고 굳어지기만 합니다.

대나무는 정말 빨리 자랍니다. 자라는 속도가 얼마나 빠른지 재어 보았더니 하루 동안에 54㎝까지 자란 사례가 있다고 합니다. 우리가 흔히 날짜를 말할 때 한 달을 셋으로 나누어 초순, 중순, 하순이라고 합니다. 이 말도 죽순에서 나온 말인데, 대나무가 어찌나 빨리 자라는지 죽순(竹筍)이 나오고 열흘(旬)이 지나면 대나무가 되어 먹지 못하니 빨리 서두르라는 경고의 뜻이 들어 있다고 합니다.

대나무가 좋아하는 곳은 물론 따뜻한 곳이지만, 땅이 기름지고 습기도 넉넉한 곳을 좋아합니다. 그래서인지 좋은 대밭은 대부분 강가에 많이 있습니다. 대나무는 우리가 보는 땅 위의 줄기 외에도 땅속에 줄기를 키우고 있습니다. 이 땅속줄기에는 마디가 촘촘하고 마디마다 뿌리가 나 있으며 눈도 하나씩 붙어 있는데, 이 땅속줄기가 자라면서 뻗어 나가고 눈이 싹 터서 죽순을 내보냅니다. 대나무 종류는 땅속줄기와 잔뿌리가 잘 발달해서 토사 유출 방지의 효과가 있기 때문에, 촌락지 주변의 산기슭에 산사태 방지용으로 많이 심습니다. 일본에서는 지진에 대비해서 심기도 합니다.

대나무는 꽃이 필 때가 되면 벼과의 식물답게 벼 이삭 모양의 꽃이 대나무 밭 전체에서 일제히 핍니다. 이를 '개화병'이라 하는데 대나무는 개화하게 되면 저장되어 있는 양분을 모두 소모한 뒤에 말라 죽습니다. 때문에 일생을 통해서 한 번만 개화하게 되는데 60~100년 정도 걸리고 결실도 잘 되지 않습니다. 개화병의 원인이나 시기 등에 대해서는 아직 정확하게 밝혀지지 않았습니다. 우리나라에서 대나무의 개화병에 관한 기록은 『삼국사기』에서 찾아볼 수 있습니다. 『삼국사기』에 따르면 통일신라의 신문왕(神文王) 12년(692년) 봄에 대나무가 죽고 애장왕(哀莊王) 2년(801년) 10월에도 대나무가 죽었다는 기록이 있습니다.

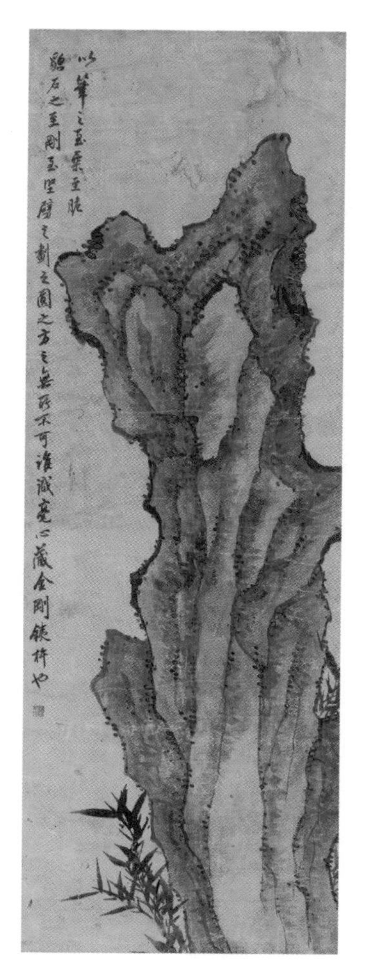

신명연, 〈암죽도(巖竹圖)〉, 조선 후기

조선 시대 실학자인 박세당은 『색경』에서 대나무의 개화병에 대해 증상과 방제책을 다음과 같이 기술하고 있습니다. "대나무에 꽃이 피면 바로 말라 죽는다. 대나무 하나가 이렇게 되면 시간이 지나면서 숲이 전부 다 말라 죽는다. 이것을 막는 방법은 처음에 약간 큰 대나무 하나를 택하여 뿌리 가까이로 3자가량 베어 버리고 대나무 마디를 서로 통하게 하여 거름을 채워 넣어 주면 말라 죽는 것이 그친다."

사람 대접을 받은 대나무

대나무는 군자나 지조, 현사의 은거지 등을 상징하고 있습니다. 대나무는 일찍부터 군자라는 인격체로 표상되어 왔습니다. 대나무를 군자로 지칭한 최초의 기록은『시경』에서 볼 수 있는데「위풍(衛風)」에는 높은 덕과 학문, 인품을 대나무의 고아한 모습에 비유하여 칭송한 시가 있습니다.

서예에 탁월해 서성(書聖)이라 불리는 왕희지(307~365)의 아들인 서예가 왕휘지(?~388)가 잠시 머물다가 떠날 집에 대나무를 심자, 주위 사람들은 곧 떠날 곳에 왜 이런 공을 들이는지 이상하게 생각했습니다. 그러자 왕휘지가 "어찌 하루라도 이 사람 없이 살 수 있겠는가."라고 했다는 데서 '차군(此君)'이라는 대나무의 별명이 탄생했습니다. 식물인 대나무가 '사람(君)' 대접을 받은 데에는 대나무의 고결한 속성이 한몫했습니다.

대나무 줄기는 곧게 뻗고 마디가 뚜렷하며, 마디와 마디 사이는 속이 비어 대통을 이루며 마디는 막혀 있어 강직함을 유지합니다. 또한 줄기는 옆으로 빗나감이 없이 세로로 쪼개지고, 그 잎은 사시사철 푸르러 지조·절개를 상징합니다.

당나라의 문인 백거이(白居易)는「양죽기(養竹記)」를 지었는데, 이 글에는 대나무의 특성이 네 가지로 요약되어 있습니다. 즉, 견고한 뿌리(竹本固), 곧은 성질(竹性直), 텅 빈 속(竹心空), 곧은 마디(竹節貞)로, 그는 대나무의 이 네 가지 특성이 군자의 특징과 매우 유사함을 강조했습니다. 옛사람들에게 대나무는 흔들리지 않는 지조, 치우치지 않는 공정함, 고집스럽지 않은 여유, 어떤 상황에서도 한결같은 평정심을 가르치는 좋은 스승이자 벗이었던 셈입니다.

또, 대나무가 모여 사는 대나무 숲인 죽림은 현사(賢士)의 은거지로, 세속과는 멀다는 뜻을 가지고 있습니다. 이는 중국 위(魏)나라와 진(晉)나라 때 유교의 형식주의를 무시하고 노장사상(老莊思想)을 숭상하면서 죽림 속에서 청담(淸談)을 나누었던 죽림칠현(竹林七賢)에서 비롯되었습니다. 그리하여 죽림이라 하면 속세를 등진 현사의 은거지로 여겨졌습니다.

이 밖에도 죽림에는 영수(靈獸)인 호랑이가 산다고 믿어 많은 그림에 묘사되어 있으며, 무속에서 대는 신성한 지역을 상징하는 표지로 활용됩니다. 대나무는 신을 부르거나 신을 내리게 하는 신대로도 사용되고 있습니다.

『양화소록』의 「화목구품」에서는 대나무를 소나무, 연꽃, 국화와 함께 1품에 넣었고, 『화암수록』의 「화목구등품제」에서는 매화, 국화, 연꽃, 소나무와 함께 1등에 포함시키고 맑고 욕심이 없는 친구라는 의미에서 청우(淸友)라 부르고 있습니다.

60년 만에 한 번 꽃 피우고 죽는 풀

나무도 아닌 것이 풀도 아닌 것이
곧게 자라기는 누가 그리 시켰으며
또 속은 어이하여 비어 있는가?
저리하고도 네 계절에 푸르니
나는 그것을 좋아하노라

풀도 나무도 다 아니거니
찬 날씨에 너 홀로 이리 푸르다
아무도 그대를 중히 안 봐도
열 자나 꼿꼿이 서서 있구나

앞의 시는 윤선도(1587~1671)가, 뒤의 시는 유박(1730~1787)이 각각 대나무를 노래한 시입니다. 지금도 그렇지만 옛날에도 대나무의 정체성에 대해 의문이 많았던가 봅니다.

중국 진(晉)나라 때의 대개지(戴凱之)가 쓴 『죽보(竹譜)』에는 다음과 같이 기록되어 있습니다. "식물의 한 종류로 대나무가 있는데 이것은 강하지도 유하지도 않으며 풀도 아니며 나무도 아닌 것이 60년 만에 한 번 꽃이 피게 되고 꽃이 피면 죽게 되며 그때 씨가 떨어져 6년이 지나면 새 숲이 만들어진다."

여기에서도 대나무는 '풀도 아니며 나무도 아닌 것'으로 등장합니다. 대나무가 나무인지 풀인지에 대해 알아보면 이리 보면 풀이고 저리 보면 나무라 할 수 있습니다. 식물학적인 측면에서 보는 나무의 조건은 이렇습니다. 뿌리에서 잎까지 양분과 수분을 운반하는 유관속(維管束)을 가지고 있어야 하고, 적어도 몇 년 이상 오래 살아야 합니다. 또 매년 꽃을 피우고 열매 맺는 일을 반복합니다. 간단히 말해 나무란 겨울에 땅 위의 줄기가 말라 죽지 않는 식물입니다.

풀의 경우에는 유관속은 있지만 형성층이 없어서 지름을 키우지 못하고 대부분 1년이면 죽어 버립니다. 물론 땅속에 뿌리를 두고 해마다 다시 싹이 나오는 경우도 있습니다. 꽃을 피우고 어미가 죽어 버리는 식물

조익, <죽도>[51], 조선 중기

은 풀입니다.

앞에서 말한 나무와 풀의 조건과 견주어 보면 대나무는 유관속이 있고 오래 사는 것은 나무와 같고, 형성층이 없으며 꽃 피우고 열매 맺은 다음에 바로 죽어 버리는 것은 풀과 같습니다. 애매하지만 식물학의 눈으로 보면 대나무는 풀의 특성에 가깝습니다.

대나무는 종류에 따라 다르지만 꽃이 일제히 피었다가 열매를 맺고 나

---

51 조선 중기의 학자이자 문신인 조익(趙翼, 1579~1655)이 그린 것으로 전해지는 대나무 그림입니다. 채색으로 쭉 뻗은 왕대의 모습을 사실적으로 묘사한 이 그림은 어느 묵죽도에서도 보기 힘들 정도로 세밀합니다.

면 벼나 보리처럼 말라 죽어 버려, 다른 나무들이 매년 꽃을 피우는 모습과는 전혀 다릅니다. 또 형성층이 없어서 지름이 굵어지지 않고 속이 비었으며, 죽순에서 한 번 키가 커지고 나면 다시는 자라지 않습니다. 이런 특성으로 보아서는 틀림없는 풀입니다.

한편 매년 지상부가 죽어 버리는 풀과는 달리 대나무는 수십 년을 살며, 높이 자라고 단단한 목질부를 가지고 있어서 여러 가지 생활용품을 만들 수 있다는 점에서 나무의 특성과 일치합니다. 따라서 식물학적인 면에서 보면 대나무는 풀이고, 베어서 이용하는 면으로 보면 나무입니다.

이와 관련해 중국의 『설문해자(說文解字, 100)』에서는 "대나무는 겨울에도 푸르게 자라는 풀이다(竹冬生草也)."라고 기술하였습니다. 대나무는 이름은 나무지만 학계의 분류체계는 벼과의 다년생 초본류(草本類)입니다.

대나무는 곧게 뻗은 줄기, 길쭉하고 청초한 느낌을 주는 잎 등 다른 나무에서는 찾아볼 수 없는 독특한 매력을 지니고 있습니다.

우후죽순(雨後竹筍)이라는 말이 있듯이 대나무는 생장이 대단히 빠릅니다. 대나무는 햇빛을 좋아하는 양지식물로 음지에서는 잘 자라지 않습니다. 아래가 자갈층이고 위는 점질토에 모래가 섞인 토양에서 잘 자랍니다. 대나무는 집단으로 자라야 마디 사이가 길어지고 하늘을 향해 쭉쭉 뻗습니다. 땅속줄기가 옆으로 뻗어 마디에서 뿌리와 순이 나옵니다. 대나무의 뿌리가 사방으로 뻗어 곤란할 경우에는 1m 정도 되는 콘크리트 판이나 두꺼운 비닐을 땅속에 넣어 더 이상 뻗는 것을 막아 줍니다. 이렇게 하기가 어려우면 땅속줄기를 끊어 주거나 죽순이 나올 때마다 제거하면 땅속줄기가 약해져서 죽순이 잘 생기지 않습니다.

번식은 땅속줄기를 나누어 심는 방법과 기존 대나무를 이식하는 방법을 사용합니다. 식재와 포기 나누기의 적기는 3~4월 죽순이 나오기 전입니다. 대나무 종류는 3년생이 이식하기에 가장 좋으며 어린 나무나 늙은 나무는 활착하기가 어렵습니다. 대나무는 특별히 비료를 줄 필요는 없지만 시원한 댓잎의 아름다움을 즐기기 위해서는 생육 상태를 봐서 비료를 줄 필요도 있습니다. 이때에는 깻묵가루나 하이포넥스를 물에 옅게 타서 뿌려 줍니다.

우리 선조들은 봄에 나는 새순을 '죽순'이라 하여 나물로 무쳐 먹었는데 씹히는 맛과 함께 향이 은은한 게 좋습니다. 또 대나무는 파이프가 없던 옛날에는 농업용수를 끌어 대는 호스 역할을 했고, 울타리를 만들거나 사다리를 만드는 데도 사용되었습니다.

남해안 지방의 대나무숲 아래에서 이슬을 먹고 자라는 녹차는 죽로차(竹露茶)라 해 귀하게 여깁니다. 또, 대나무의 찬 성질을 이용한 죽부인(竹夫人)과 돗자리 베개, 왕대발 등은 무더운 여름에 인기가 있습니다.

꽃봉오리가 북쪽을 향하는 목련

하늘이 무슨 물건 그려 내려고

먼저 목필화부터 내어보내

서대초[52]와 함께

시인의 뜨락에 심도록 했나

목련(*Magnolia Kobus* DC.)은 북아메리카 지역에서부터 동아시아와 히말라야 지역에까지 분포하고 있으며 유럽과 그린란드 지역에서는 목련의 화석이 발견되기도 했습니다. 목련의 화석은 시기적으로 백악기와 제3기에서 많이 발견되기도 했는데, 백악기는 약 1억 4,000만 년 전에 시작된

52 책을 묶는 데 이용했던 띠풀입니다.

시대이니, 목련은 고대 식물로서 살아 있는 화석이라고 할 수 있을 만큼 오래된 나무입니다.

3월 중하순경, 잎이 나오기 전의 가지에 하얗고 커다란 꽃을 피웁니다. 꽃 안에는 많은 수술과 각각 따로 떨어져 있는 여러 개의 암술이 있고, 꽃잎과 꽃받침을 구별할 수 없는 화피로 싸여 있는 등 원시적인 꽃의 구조를 가지고 있습니다.

목련은 목련과에 딸린 낙엽 활엽 교목으로 중국이 원산지입니다. 우리나라 제주도, 일본 등지에 야생종이 있고 전국 각지에서 관상용으로 심습니다. 높이는 7~10m 정도이고, 가지는 많이 갈라지며 굵고 털이 없으며 꺾으면 향기가 납니다. 잎은 넓은 달걀형 또는 타원형으로 끝이 뾰족하고, 앞면에는 털이 없으며 뒷면은 털이 없거나 잔털이 약간 있습니다. 꽃은 4월에 잎이 나기 전에 피는데, 지름 10㎝ 정도이고 향기가 있습니다. 흰 꽃이 피는 것을 백목련, 자주색 꽃이 피는 것을 자목련이라고 합니다. 열매는 5~7㎝로 곧거나 구부러지며 씨는 타원형으로 붉은색입니다.

중국에서는 목련의 이름이 여러 가지로 나타납니다. 연꽃을 닮은 꽃이 나무에서 핀다고 하여 목련(木蓮), 연꽃의 별칭인 부용을 빌려와서 목부용(木芙蓉), 꽃에서 진한 향기를 풍기기 때문에 목란(木蘭), 흰 꽃이 옥과 같아 옥란(玉蘭), 꽃봉오리가 약간 매운맛이 있어서 신이화(辛夷花)라 부르며 한방에서는 약용으로 쓰이기도 합니다. 또, 꽃이 막 피어날 적에 모양이 붓과 비슷하므로 목필화(木筆花)라는 이름도 지니고 있습니다.

목련을 가리키는 우리만의 이름도 전해 오는데, 꽃봉오리가 임금에 대한 충절의 상징으로 북쪽을 향하고 있다 해서 북향화(北向花), 충신화(忠臣

花), 향불화(向佛花) 등이 그것입니다.

이외에도 봄을 맞는 꽃이라 하여 영춘화(迎春花), 꽃 하나하나가 옥돌 같다 하여 옥수(玉樹), 꽃조각 모두가 향기가 있다 하여 향린(香鱗), 옥돌로 산을 바라보는 것 같아서 망여옥산(望如玉山), 눈이 오는데도 봄을 부른다고 하여 근설영춘(近雪迎春), 겨울에 잎이 다 지더라도 씨가 든 봉오리는 떨어지지 않아 거상화(拒霜花) 등으로 부릅니다.

중국의 목련이 우리나라에 언제 들어왔는지 정확한 시기는 밝히기 어렵습니다. 다만 이규보가 쓴『동국이상국집』에는 목필화를 제목으로 앞에 소개한 시가 포함되어 있어 당시 널리 재배되고 있음을 알 수 있습니다.

문일평은『화하만필』에서 "매월당 김시습은 목련에 대하여 잎은 감잎과 같고, 꽃은 백련과 같고, 화방은 도꼬마리와 같고, 씨는 빨개서 사람들이 목련이라 한다.『본초강목』에도 매월당이 말한 바와 마찬가지로 이 꽃이 곱기는 연꽃과 같으므로 목부용(木芙蓉)이라, 목련이라 하는 이름도 있다 하였으니 이로 보면 목련이란 이름이 어찌해서 생긴 그 유래를 짐작할 것이 아닌가."라고 적고 있습니다.

한편,『양화소록』의「화목구품」이나『화암수록』의「화목구등품제」에서는 목련을 각각 7품과 7등에 두고 있습니다. 또 화암수록의 화목 28우를 보면 목련은 담우(淡友), 즉 욕심이 없고 마음이 깨끗한 친구로 표현되고 있습니다.

목련의 종류 일곱 가지

우리나라에서 자라는 목련속 식물은 약 7종류가 있습니다. 우리 주변에서 손쉽게 볼 수 있는 흰색 꽃을 피우는 목련은 정확히 말하면 중국 원산인 백목련입니다. 이름과 모양이 비슷한 종인 목련은 제주도에서 자생하며 꽃잎 아래쪽이 연한 붉은색이며 꽃의 지름도 7~10㎝여서 10~16㎝인 백목련보다 작아 차이가 있습니다.

백목련 다음으로 눈에 띄는 것이 자주색 꽃을 피우는 자목련으로 이것도 중국이 원산지이지만, 무리 지어 꽃이 피어 있는 모습을 구경하기는 쉽지 않습니다. 백목련과 자목련을 교배하여 만든 자주목련은 꽃잎 바깥쪽이 연한 홍자색이고 안쪽은 흰색입니다.

또 산목련이라 부르기도 하는 함박꽃나무는 잎이 난 뒤에 꽃이 피는 것이 다릅니다. 중부 이남 지역에서 재배하

채용신[53], <화조도>, 조선 후기

53 채용신(1850~1941)은 조선 후기의 화가로, 어려서부터 그림을 즐겨 그렸으며, 15세를 넘어서는 산수·화조·누각 등 그리지 못하는 분야가 없었다고 합니다. 그러나 화업을 생업으로 삼지 않고 1886년 늦은 나이에 무과에 급제하여, 의금부도사를 거쳐 수군첨절제사가 되었습니다. 1901년 정월에는 고종의 어진을 그렸습니다.

는 일본목련과 태산목도 목련 종류로, 꽃이 크고 화려하며 향기도 좋아 많은 사람들이 찾는 나무이며, 요즘 아파트 단지에 많이 심는 꽃잎이 10개가 넘는 중국 원산의 별목련도 있습니다.

백목련과 자목련에 관해서 다음과 같은 이야기가 전해지고 있습니다. 옥황상제가 딸을 시집보내려고 했는데, 공주는 옥황상제가 골라 주는 사윗감들은 거들떠보지 않고 사납다고 알려진 북쪽 바다의 신만을 바라보고 있었습니다. 공주가 궁을 빠져나가 북쪽 바다의 신이 사는 곳으로 갔으나, 북쪽 바다의 신은 유부남이었고 충격을 받은 공주는 바다에 몸을 던져 목숨을 끊었습니다. 이를 알게 된 북쪽 바다의 신은 그녀의 죽음을 슬퍼하면서 자신의 아내에게 독약을 먹여 죽인 뒤, 두 여인의 장례를 성대히 치러 준 뒤 평생을 독신으로 살았다고 합니다. 이후, 두 여인의 무덤에서 목련이 자라났는데 공주의 무덤에서는 백목련이, 북쪽 바다의 신의 아내의 무덤에서는 자목련이 피어났다고 합니다.

목련은 10m 높이로 자라는 낙엽 활엽 교목으로 제주도 숲속에 드물게 자생하며, 꽃이 백목련에 비해 화려하지 않아 주로 수목원에서 자원용으로 식재되어 관리되고 있습니다. 3~4월에 잎보다 먼저 하얀 꽃이 나무 가득 피는데 보통 6장의 꽃잎 조각은 활짝 벌어집니다. 꽃이 질 때쯤 넓은 달걀꼴의 잎이 가지에 서로 어긋나게 납니다. 원통형 열매는 가을에 익으면 칸칸이 벌어지면서 주홍색 씨가 드러납니다. 백목련보다 꽃잎이 더 희고 가늘며 꽃잎 안쪽 밑부분이 붉은빛을 띱니다. 재래종 목련은 꽃잎이 좁고 완전히 젖혀져서 활짝 피는 반면, 백목련은 꽃잎이 넓고 완전히 피어도 반쯤 벌어진 상태로 있습니다. 백목련보다 보름쯤 일찍 꽃망울이 터져 더욱 빨리 봄을 알립니다.

루이스 캄포트 티파니, 〈목련나무와 붓꽃〉, 1908

생장이 빠르고 수형도 꽃도 크기 때문에 독립수로 심는 경우가 많습니다. 가지를 균형 있게 정리하고 배경으로 상록활엽수를 심으면 멀리서도 백목련 꽃이 눈에 확 띄게 보입니다. 낙엽수이므로 여름에는 녹음을 만들고 겨울에 잎이 떨어져서 햇볕을 잘 받습니다. 정원의 악센트로 빠뜨릴 수 없는 나무로, 우리 나라의 정원에 가장 많이 심어지고 있는 화목입니다.

목련이 겨우내 가지 끝마다 달고 있는 뾰족한 겨울눈에는 꽃이 될 꽃눈과 잎이 될 잎눈이 있습니다. 잎눈에는 털이 없으나 꽃눈에는 소복한 털이 나 있습니다. 중부 지방에서는 4월, 제주도에서는 3월이면 꽃눈은 외투를 벗으면서 하얀 꽃잎들을 하나씩 벌리기 시작합니다. 이른 봄의 꽃나무가 대개 그러하듯 목련 역시 잎보다 꽃이 먼저 핍니다.

아직 새잎이 나지 않은 앙상한 가지 끝에 크고 하얀 목련꽃이 무리 지어 달리는 탐스러운 모습은 사람들로 하여금 저절로 탄성을 자아내게 할 만큼 봄의 장관 중 하나입니다. 다만, 목련은 개화 기간이 짧은 것이 가장 아쉽습니다.

목련 심고 키우기

목련과에 속하는 낙엽 활엽 교목으로 그늘이나 양지에서 모두 잘 자랍니다. 토질은 비옥하고 배수가 잘되는 사질 양토가 좋습니다. 점토질이나 배수가 나쁜 곳에서는 잘 자라지 않습니다. 내한성과 내공해성이 강하고 수세도 강합니다. 소금기를 이겨 내는 특징이 있어서 해안가에서도 심어 기를 수 있습니다. 생장이 빠른 편이지만, 크게 자란 나무는 이식하기 어렵습니다.

목련류의 뿌리는 잔뿌리가 발달되어 있으나 약해 부러지기 쉬우므로 옮겨 심을 때는 뿌리가 상하지 않도록 주의를 기울여야 합니다. 특히 강한 직사광선과 바람은 피하고, 가는 뿌리 사이에 흙이 잘 채워질 수 있도록 물을 충분히 주면서 심어야 합니다. 햇빛을 충분히 받지 못하는 음지에서는 꽃이 잘 피지 않습니다.

묘목을 심는 시기는 낙엽 직후인 11월이나 이른 봄 순이 나기 전인 3월 상순이 좋습니다. 이식할 때 가능하면 묘목의 뿌리가 상하지 않도록 뿌리분을 달아서 이식하면 좋습니다. 큰 나무를 이식할 때는 뿌리돌림을 해 주는 것이 안전합니다. 심고 나서 2~3년간은 생육이 좋지 않기 때문에 밑거름으로 부엽토·퇴비·깻묵과 같은 유기질 비료를 줍니다.

목련류는 특별히 전정이 필요하지 않으며, 방임해서 키우면 꽃의 수가 많아집니다. 수고와 가지폭을 제한하거나 복잡한 가지를 제거할 경우에는 가지 솎기를 해 줍니다. 도장지는 방임해 두어도 되지만 수형상 필요하다면 가볍게 잘라 줍니다. 꽃눈이 생기는 것은 7월 초순부터 8월 중순으로, 꽃이 진 직후에는 꽃눈을 신경 쓰지 않고 전정할 수 있습니다.

백목련은 끝눈에서 개화하는 꽃나무입니다. 따라서 휴면 중에 전정을 하면 꽃눈을 없애게 되므로 꽃이 진 직후에 전정을 해야 합니다. 휴면 중의 전정은 지나치게 우거진 가지만 적당히 솎아 주는 정도로만 합니다.

목련을 키우려면 종자를 뿌리거나 분주, 접목, 삽목이 모두 가능하지만 대개 종자로 대목을 만든 다음 접목으로 늘립니다. 10월이 되면 열매가 갈라져 흰 실에 달린 붉은 씨가 나옵니다. 종자를 싸고 있는 얇은 과육을 제거한 다음 습기가 있는 모래와 섞어 땅속에 묻었다가, 이듬해 봄에 파종하면 4~5월에 발아합니다. 종자로 번식한 목련은 태산목이나 백목련의 대목으로 이용됩니다.

접목은 목련 2년생 실생묘를 대목으로 사용해서 절접이나 눈접을 붙입니다. 2~3월과 6~9월이 접목의 적기입니다. 그러나 쉽게 한두 그루 키우려 할 때는 오래된 목련의 줄기 밑에 저절로 싹이 터 자라는 어린 나무를 옮겨 심으면 아주 잘 큽니다. 반음지에서 키워야 하지만 충분히 잘 자라 뿌리 퍼짐이 다 된 후에는 직사광선도 무방합니다.

가지와 뿌리를 꺾으면 향이 나고 꽃봉오리를 말린 것을 신이(辛夷)라 하는데 감기와 코막힘에 특효로 민간에서는 약용으로 사용합니다. 나무는 가구나 건축재로 사용하고, 꽃은 향수의 원료로 사용될 정도로 향기가 멀리 강하게 퍼집니다.

한시에
가장 많이 등장하는
버드나무

어쩌면 좋을까 저 푸른 버들

휘늘어져 살구꽃을 이웃하였다

깃발을 짝하여 주막에서 흔들리고

춤을 시새워 창가에서 흔들거린다

비 온 뒤에 걷잡을 수 없이 휘늘어지고

바람결에 멋대로 휘날린다

이 봄에 구경하지 못하면

시절은 지나가고 말리라

버드나무(*Salix koreensis Andersson*)는 우리나라 어디에서나 볼 수 있을 만큼 흔하면서도 친근한 나무입니다. 버드나무류는 모두 버드나무과 버드나무속에 속하는 활엽수이며 종류에 따라서 갯버들 같은 관목도 있고 버드나무나 왕버들 같은 교목도 있습니다. 버드나무속(Salix)은 대단히 큰 속으로 전 세계의 온대와 아한대 지역에 걸쳐서 340여 종이나 분포하며, 우리나라에도 40여 종이 자라고 있습니다. 속명 Salix는 켈트어의 sal(근처)과 lis(물)의 결합어로, 이 속의 수종들이 물가에서 많이 자라고 있는 것에서 비롯되었습니다.

버드나무 가운데 우리에게 친숙한 것은 갯버들, 수양버들, 능수버들, 왕버들, 용버들 등이 아닐까 합니다. 나무 이름 중 능수와 수양은 가지가 축 처진 경우를 뜻합니다. 주위에서 쉽게 볼 수 있는 수양버들이나 능수벚나무는 모두 가지가 처져서 붙인 이름입니다. 버드나무 중에는 캐나다 원산이지만 이탈리아에서 온 이태리 포프라, 미국에서 온 미류(美柳), 서양에서 온 양버들 등도 있습니다.

버드나무는 제각기 잎 모양과 생태도 다르지만 공통적으로 물을 좋아하는 습성이 있습니다. 그래서 예로부터 연못이나 우물 같은 물가에 버드나무류를 심어 두면 어울렸지만 하수도 옆에는 심지 말라고 하였습니다. 물을 따라 뿌리가 뻗어 하수도를 막기 때문입니다. 이와는 반대로 뿌리가 물을 정화하기 때문에 우물가에는 버드나무 등을 심어 왔습니다.

우리나라에서 버드나무 종류를 총칭하는 양류(楊柳)에 관한 최초의 기록은 『삼국사기』에 나오는데, 백제 무왕 35년(634년) 춘삼월에 "궁궐의 남쪽에 못을 파고 20여 리나 물을 끌어 사방의 언덕에 버드나무를 심었다."고 합니다. 고려 시대 이규보가 지은 우리나라의 대표적인 건국 장편 서사시인 「동명왕편(東明王篇)」에는 고구려를 개국한 고주몽(재위B.C. 37~B.C. 19)의 어머니로 유화(柳花)가 등장합니다.

버드나무는 예로부터 문인들의 사랑을 받아 왔습니다. 도연명은 자기 집 주위에 버드나무 다섯 그루를 심고 스스로 '오류(五柳)선생'이라 칭하기도 했습니다. 우리나라에서도 버드나무는 시인들이 애용한 사랑과 이별과 정한의 나무입니다. 어느 조경학자가 우리나라 한시에 나오는 초목의 빈도수를 조사했는데, 1위는 소나무도 국화도 아닌 버드나무였다고 합니다.

생명과 봄, 그리고 이별을 상징하는 나무

버드나무는 봄의 도래, 생명력, 이별 등을 상징합니다. 버드나무는 봄의 도래를 상징하는 식물이었습니다. 버드나무는 주로 물가에 위치하여 봄이 오면 물을 흡수하여 주위 식물보다 먼저 싱그러운 싹을 틔우기 때문에 고향의 봄을 알리는 향수의 나무로 인식되었습니다.

그리고 버드나무는 강인한 생명력과 번식력을 상징합니다. 이는 버드나무가 물가 어디서나 활착이 쉽고 잘 자란다는 식물적인 특성에 따른 것입니다.

또, 버드나무는 이별을 상징하기도 합니다. 홍랑(洪娘, ?~?)이 남긴 시조에 "묏버들 가려 꺾어 보내노라 님의 손에"라는 구절이 있습니다. 버드나무를 꺾어 주는 것은 중국에서도 우리와 다르지 않은 이별의 표현입니다. 절류(折柳), 즉 버드나무를 꺾는 것은 사람을 배웅하여 헤어지는 일을 가리킵니다.

장시홍[54], 〈춘경산수〉, 조선 후기

왕버들(*Salix chaenomeloides*)은 마을 주변이나 냇가·습지 등에서 무리를 이루어 자라며 가로수로도 심습니다. 부락의 당산나무는 정자나무로 많이 남아 있으며 보호수로 지정된 것이 많습니다. 낙엽 활엽 교목으로 높이 15~20m 정도이고, 잎은 피침 모양이거나 긴 타원형으로 뒷면은 흰빛이 돕니다. 어린 가지는 밑으로 처지고, 나무껍질은 얕게 갈라집니다. 꽃은 4월에 잎과 함께 연한 노란색으로 피고, 열매는 5월에 달걀 모양의 삭과로 여물어 갑니다.

54 조선 후기에 활동한 도화서 화원으로 호는 방호자(方壺子)입니다. 가계와 행적이 불명확하고 현존 작품의 수가 많지 않지만, 겸재 정선의 화법을 이어받아 진경산수화의 정착에 기여하였습니다.

또, 잎과 가지가 치밀해서 녹음 효과가 크며, 봄에 붉은 새순이 돋아날 때와 새잎이 피어날 때의 연둣빛 색감이 대단히 아름답습니다. 수령이 많아질수록 줄기가 독특한 모양으로 비대해지고, 둥글게 만들어지는 수관이 대단히 보기 좋습니다. 환경에 대한 적응력이 높아서 주왕산의 주산지 같은 물속에서 자라기도 하며, 오염된 물이 고여 있는 하천가에서도 잘 자랍니다.

버드나무 심고 키우기

버드나무는 어디에서나 잘 자라고 생육이 빠르기 때에 경관수, 정자목, 가로수 등으로 많이 심어 왔습니다. 특히 물을 좋아하여 물가에서 잘 자라므로 포구, 연못가, 냇가, 우물가 등에서 흔히 볼 수 있습니다. 그늘을 싫어하므로 가능하면 일조량이 좋은 지역에 심어야 합니다. 능수버들이나 수양버들은 축축 늘어지는 성질이 있어서 색다른 정취를 자아내며 갯버들은 꽃꽂이용으로 활용됩니다.

일반적으로 버드나무는 강이나 하천이 있는 습지를 좋아한다고 생각하지만, 아주 건조한 곳을 제외하고는 어디에 심어도 잘 자랍니다. 내한성이 강하고 적응성도 뛰어난 수종입니다. 이식은 12~3월이 적기이며 쉽게 할 수 있습니다. 가정에서 버드나무를 키울 때는 묘목을 심는 것이 좋습니다.

수양버들과 같이 생육이 양호한 것은 위로 크는 것에 비해 줄기가 굵어지는 속도가 느리기 때문에 넘어지지 않도록 어릴 때는 지주를 세워주어야 합니다. 식재 후 5~6년이 지나면 여름전정으로 통풍이 잘되게 해 줍니다.

번식은 대개 삽목으로 합니다. 버드나무는 거꾸로 꽂아도 잘 자란다는 말이 있을 정도로 꺾꽂이가 잘되는 나무입니다. 새싹이 나오기 전에 굵은 가지는 5~20㎝, 가는 가지는 8~10㎝ 길이로 잘라서 꺾꽂이하면 1개월 후에 발근합니다. 씨앗이 날리지 않는 수나무만 증식하고자 할 때는 수나무에서 채취한 가지로 삽목합니다. 종자로 번식하려면 5월에 수확한 뒤 곧바로 파종해야 종자가 죽지 않습니다.

버드나무는 결이 거의 없고, 독이 없는 밝은색 목재로 나무젓가락, 이쑤시개, 도마 등을 만드는 데 씁니다.

봉황이 머문다는 벽오동

넓고 큰 그늘이 장막을 이루었고
나부끼는 잎새는 구슬처럼 흩어졌어라.
벽오동 심은 뜻은 봉황을 보쟀더니
쓸데없는 잡새들만 깃들였어라.

벽오동(*Firmiana simplex*)은 벽오동과에 속하는 낙엽성 교목으로 다 자라면 20m까지도 자랍니다. 중국에서 들어온 수종으로 우리나라 중부 이남 지방에서 잘 자랍니다. 잎 모양이 오동나무와 비슷하지만 줄기에 푸른색이 많아 벽오동(碧梧桐)이란 이름이 붙었습니다. 내한성은 조금 떨어지나 크게 자라면 추위에 강해집니다.

늦봄에 잎이 나고 초가을에 낙엽이 집니다. 새잎이 돋아날 때 주홍색으로 아름답게 보이는 것은 새잎에 촘촘히 돋아난 털의 색깔 때문입니다. 다 자란 잎의 지름이 15~25㎝ 정도로 크고 손바닥처럼 3~5갈래로 갈라집니다. 꽃은 6~7월에 피는데, 연노란색 작은 꽃들이 풍성한 꽃차례를 이루어 보기에 좋습니다. 가을에 익는 열매는 돛단배처럼 생긴 포엽(苞葉)에 완두콩 같은 종자가 4~5개씩 달리는데 다른 나무에서는 찾아보기 힘든 독특한 모습입니다.

벽오동에는 옛날부터 봉황이라는 신령스러운 새가 머문다 했습니다. 그 연원은 『시경』「대아」 편에도 나오듯이 기원전 주나라 시대(B.C. 1046~B.C. 256)까지 거슬러 올라갑니다.

봉황새가 우는구나, 높은 언덕가에서
오동나무 자라는구나, 아침 햇살 비추는 언덕 동쪽에서
오동나무 잎은 무성하고, 봉황은 부드럽게 화답하네

전국 시대 제자백가(諸子百家) 가운데 장자(莊子, B.C. 369?~B.C. 286?)는 『장자』의 「추수편」에서 전설상의 길조(吉鳥)인 봉황(鳳凰)은 "벽오동이 아니면 머물지 않고 대나무의 열매가 아니면 먹지 않으며"라 했습니다. 이로부터 벽오동은 봉황이 앉아 쉬는 상서로운 나무(祥瑞木)로 여겨져 왔습니다. 그래서 옛날 임금의 의복이나 기물에는 용과 함께 봉황을 장식했습니다. 오늘날 우리나라 대통령의 휘장도 봉황이며, 일본 정부의 문장이 벽오동으로 되어 있는 것을 보아도 우리나라는 물론 중국과 일본에서 얼마나 귀히 여겼는지 짐작할 수 있습니다.

벽오동과 오동은 전혀 다른 나무

벽오동은 줄기의 빛깔이 푸르고, 잎 모양이 오동나무를 닮았다고 하여 붙여진 이름입니다. 옛 문헌 중『본초강목』에서는 "오동은 벽오동을 말하고, 동(桐)은 오동이다." 하고 따로 설명한 경우도 있습니다. 그러나 보통은 오동이 지금 우리가 알고 있는 벽오동인지 아니면 오동나무인지는 엄격하게 구분하지 않았습니다. 이 둘은 빨리 자라고 잎 모양새도 비슷하며 악기를 만드는 쓰임새도 같습니다. 그러나, 식물 분류학적으로는 벽오동과 오동나무는 이름만 비슷할 뿐 완전히 다른 나무입니다. 벽오동은 줄기가 푸른 특징을 따서 구분하여 부릅니다. 그렇지만 옛 문헌은 물론 요즘에 나오는 책 가운데에서도 이 둘을 혼용하여 그냥 오동이라고 부르는 경우가 많습니다.

중국의 고서에 나오는 오동은 우리가 벽오동(碧梧桐)이라고 부르는 나무를 가리키는 용어입니다. 중국에서는 벽오동이란 이름은 거의 사용하지 않았고, 오동(梧) 혹은 청동(靑桐)이라 했습니다. 또 우리가 오동나무라고 하는 것을 중국에서는 포동(泡桐)이라고 합니다. 오동과 벽오동은 종류가 완전히 다른 나무로서 벽오동과의 벽오동은 줄기가 푸르고, 희고 작은 꽃들이 졸망졸망하게 모여서 핍니다. 반면에 오동나무과의 오동나무는 보라색 혹은 흰색의 통꽃이 종처럼 줄줄이 매달려 핍니다. 그 잎과 열매 또한 형태와 크기가 서로 다릅니다. 어쨌든 고대 중국인들은 오동나무와 벽오동을 악기와 상자 등을 만드는 유용한 재목으로 중시하였고 또한 신령한 나무로 받들었습니다.

중국 원(元)나라 때 증선지(曾先之)가 엮은『십팔사략(十八史略)』에는 삼황오제 시대의 순임금이 오현금(五絃琴)를 타면서 부른「남풍시(南風詩)」가 등장합니다. "훈훈한 남풍 백성의 성을 풀고, 때 맞게 부는 남풍 만물을 기르니, 우리 백성 재물 넉넉하네"

이때 경성[55]이 나타나고 경운[56]이 피어올랐습니다. 백관은 이를 보고 순임금의 「남풍시」에 화답해서 노래를 불렀습니다. "찬란한 경운이여 조정의 의식(儀式)이 아름답다. 해와 달이 빛나고 영원히 빛나리."

중국에서 태평성대와 같은 의미로 쓰이는 요순(堯舜)시대인 만큼, 백성을 생각하는 순임금은 참으로 성군의 모습이라 아니할 수 없습니다.

오동나무가 신령한 나무로 여겨진 예를 소개합니다. 『사기』에 의하면 서주시대(B.C. 11세기~B.C. 771)의 천자였던 성왕(成王)이 장난 삼아 오동나무 잎을 잘라 만든 규(珪)[57]를 어린 동생 우에게 주며, "이것으로 그대를 봉하노라."고 했습니다. 이를 지켜본 사관이 성왕에게 "날을 택하여 우를 제후로 봉하소서."라고 청했습니다. 성왕이 장난이었다고 하자, 사관은 "천자께서는 농담을 하셔서는 안 됩니다."라고 간언하여, 동생을 제후에 봉했다고 합니다.

이는 하늘의 위촉을 받은 천자가 제후를 임명하는 것이므로, 하늘(신)의 명을 전하는 오동나무가 신령한 나무였다는 믿음이 깔린 것이라 할 수 있습니다.

오동나무(*Paulownia coreana*)는 오동나무과 오동나무속의 낙엽 활엽 교목으로, 우리나라가 원산지이며 중국, 일본, 대만, 인도 등에 분포합니다. 높이는 15m 정도이고, 잎은 크고 가지에 2개씩 마주 나고 뒷면에 갈색의

55 景星, 덕성(德星)이라고도 하며, 왕이 독재하지 않고 어진 사람을 잘 쓸 때에 나타나는 별입니다.
56 慶雲. 서운(瑞雲)이라고도 하며 왕의 덕이 산 위에까지 이르면 나타난다는 오색의 구름을 뜻합니다.
57 천자가 제후를 봉한 증표로 주는 옥으로 만든 홀을 말합니다.

털이 있습니다. 오동꽃은 5월 초부터 가지 끝에 원추형으로 피기 시작하여 보름 정도를 지나면 연한 보라색이 됩니다. 꽃봉오리는 통 모양이고 열매는 달걀 모양이며 10월에 검은 갈색으로 익으면 벌어집니다.

조선 시대 박세당은『색경(穡經)』에서 이 둘을 구분해서 설명하고 있습니다. "꽃이 피고 열매를 맺지 않는 것을 백오동(白桐)이라 하고, 열매를 맺고 껍질이 푸른 것을 청오동(靑桐)이라고 한다. 청오동은 9월에 열매를 거둔다. 2~3월 사이에 작은 둘레의 두둑을 만들어서 심는데 모두 아욱을 심는 방법대로 하면 된다. 5치마다 씨앗 한 알을 심고 소량의 거름을 흙과 잘 섞어 덮는다. 싹이 난 뒤에는 자주 물을 대어 물기가 축축하도록 한다. 왜냐하면 나무의 성질이 습한 것에 알맞기 때문이다. 그렇게 하면 한 해에 키가 1길 높이로 자란다. 백오동은 열매가 없다. 큰 나무 옆에 구덩이를 파고 묘목을 가져다가 옮겨 심는다. 청오동과 백오동 이 두 나무로는 여러 가지 그릇을 만들 수 있다."

벽오동 심고 키우기

벽오동은 햇빛을 좋아하는 전형적인 양지식물입니다. 생장 속도가 빠르며 비옥한 사질 양토에서 잘 자랍니다. 추위에는 약해 우리나라 중부 이남 지방에서만 생육이 가능합니다. 벽오동은 회화나무처럼 성스러운 나무로 알려져 있기 때문에 학교나 정원의 관상수로 어울리고 가로수나 공원수로도 심을 수 있습니다. 꽃봉오리와 열매는 꽃꽂이의 소재로도 이용됩니다.

잎이 넓고 크며 가지가 한 군데에서 여러 개가 사방으로 퍼져서 녹음

서태후, <벽오동>, 1890

수로서의 가치가 높습니다. 수형이 비교적 단정하고 가지의 배열미도 탁월합니다. 특징 있는 색깔의 수피가 독특하며, 어린 가지는 선명한 녹색으로 매끈하지만, 크게 자라면 굵은 줄기는 점차 회백색으로 변하고 바탕이 거칠어집니다. 식재는 봄 3~4월, 가을 10~11월에 하는데, 큰 나무는 뿌리가 멀리 뻗어서 이식하기 어렵습니다.

번식은 뿌리꽂이와 종자로 합니다. 이전에는 주로 뿌리꽂이로 했으나 근래에는 실생묘 양성법이 개발되어 종자에 의한 묘목의 대량 생산이 가능하게 되었습니다. 종자를 채취하여 이틀 정도 흐르는 물에 담가서 충실한 종자를 선별한 후 모래와 섞어서 노천 매장해 두었다가, 다음 해 봄에 파종합니다. 종자를 채취하여 바로 파종하기도 합니다.

뿌리꽂이는 큰 나무에서 직경 1~3㎝ 되는 뿌리를 10~15㎝ 길이로 잘라서 삽목상에 20~30㎝ 간격으로 비스듬히 꽂고, 그 위에 2~3㎝ 두께로 흙을 덮어 줍니다. 생장이 매우 빠르기 때문에 1년 만에 큰 묘를 얻을 수 있습니다. 삽목은 봄에 싹이 트기 전에 휴면지를 10~15㎝ 길이로 잘라서 삽목상에 꽂습니다.

더디게 자라지만
이점이 많은
밤나무

잎은 여름철에 나고

열매는 가을철에 익네

틈이 딱 벌어지면 방울 같고

껍질은 흰 살덩이를 겹으로 감싸네

제사상에는 대추와 함께 놓이고

여자의 폐백에는 개암과 짝지어지네

오는 손만 대접할 뿐 아니요

우는 아이도 그치게 하네

이익은 천호후와 맞먹고[58]

58 『사기』 화식열전(貨殖列傳)에 "연(燕) · 진(秦)에서 밤나무 1천 그루를 가지면 이익이 천호후(千戶侯)와 맞먹는다."고 나옵니다.

만인의 굶주림도 구제할 만하구려

맛을 탐내어 한 움큼 쥐고

껍질을 쉬 벗기고자 앞니를 날세우네

화롯불에 굽고

솥에도 삶네

처음 주울 땐 원숭이에게 빼앗기기도

저장하면 쥐도 막아야 하네

가시 많음을 꺼리지 말라

달디단 엿 맛이 사랑스럽구려

등급은 삼진록에 들었고[59]

이름은 오원에 떨쳤네[60]

의당 곡식과도 맞먹는데

어찌 아가위나 배 따위에 비교하랴

고슴도치 털 같은 껍질이 쌓이면

넉넉히 땔감이 되리라

밤나무(*Castanea crenata* Siebold & Zucc.)는 참나무과에 속하는 낙엽 활엽 교목으로 높이는 10~20m 정도 됩니다. 줄기 껍질은 세로로 불규칙하게 갈라지며 암갈색이나 암회색을 띱니다. 잎은 어긋나고 가장자리에 날카로운 톱니가 있습니다. 5~6월에 피는 독특한 모양의 꽃은 암수한그루로, 새

59 신씨(辛氏)의 『삼진기(三秦記)』에 "한 무제(漢武帝)의 과원(果園)에 있는 큰 밤은 열 다섯 개로 한 말[斗]이 된다." 하였습니다.

60 전국 시대 진(秦) 나라에 크게 기근(饑饉)이 들자, 응후(應侯) 범수(范雎)가 소왕(昭王)에게 청하기를 "오원(五苑)의 채소와 밤[栗] 등을 풀어 백성을 구제하소서." 하였답니다.

로 난 가지 아래쪽의 잎겨드랑이에서 꼬리 모양의 꽃차례로 한꺼번에 많이 달리는데, 독특하고 비릿한 냄새가 납니다. 열매는 9~10월에 가시로 싸인 밤송이 안에 갈색의 씨가 1~3개씩 들어 있습니다. 우리나라와 중국, 일본은 물론이고, 북미와 유럽, 남미, 호주 등에서도 재배합니다.

맛이 좋고 천연 식량이었던 밤은 중국에서 오래전부터 중시돼 왔습니다. 대략 6천 년 전의 신석기 시대 유적에서도 밤 화석이 대량으로 출토되었는데, 일종의 예비 식량으로 쓰인 것 같습니다. 밤은 고대인들에게 친근한 과실나무 중 하나로 『시경』「정풍」에도 다음과 같이 남자를 밤에 빗대어 애정을 토로한 시가 있습니다.

동문의 밤나무, 그 나무 아래 당신의 집
저는 당신을 사모하지만 당신은 밤을 보여 주지 않네요

또 『삼국지』 위지 동이전 마한조에 "마한의 금수초목은 중국과 비슷하지만 굵은 밤이 나고 크기가 배만 하다."는 내용이 나오고, 『고려도경』에도 "과실 중에 크기가 복숭아만 한 밤이 있으며 맛이 달고 좋다."라는 기록이 나옵니다.

신라의 원효대사(617~686)가 밤나무 아래서 탄생했다는 『삼국유사』의 기록도 있습니다. 대사의 모친이 출산하기 위해 친정으로 가던 중 산기를 느껴 남편의 옷을 밤나무에 걸고 출산하였습니다. 그 나무가 사라수(沙羅樹)이고, 그 열매를 사라율(紗羅栗)이라 하는데 크기가 바리때[61]에 가득 찰

61 절에서 쓰는 승려의 공양 그릇으로 나무나 놋쇠로 만듭니다.

정도로 컸다고 합니다.

밤나무로 신주(神主)를 만들었을 뿐 아니라 밤은 제사 때 올리는 과일 중 대추 다음일 정도로 제물(祭物)로도 중시되었습니다. 그 이유는 밤송이 안에 보통 밤알이 세 개씩 들어 있는데, 후손들이 영의정으로 대표되는 3정승을 한 집안에서 나란히 배출시키라는 의미가 담겨 있기 때문이라고 합니다. 또 다른 견해는 밤이 싹틀 때 껍질은 땅속에 남겨 두고 싹만 올라오는데, 껍질은 땅속에서 오랫동안 썩지 않고 그대로 붙어 있어, 자기를 낳아 준 부모의 은덕을 잊지 않는 나무로 보았기 때문이라 합니다.

고려 충숙왕 때 문신인 백문보(白文寶, 1303~1374)의 「율정설(栗亭說)」에는 옛사람들이 밤나무를 좋아한 이유가 잘 나와 있습니다. 그와 같은 해에 과거에 급제한 윤상군(尹相君)[62]이 밤나무를 좋아해 밤나무 숲에 율정을 짓고는, 다음과 같이 말했습니다.

"봄이면 가지가 성글어서 가지 사이로 꽃이 서로 비치고, 여름이면 잎이 우거져서 그 그늘에서 쉴 수 있으며, 가을이면 밤이 먹을 만하며, 겨울이면 밤송이를 모아 아궁이에 불을 땔 수가 있어서 집터로 밤나무 숲을 선택한다."

이에 대해 백문보는 "밤나무는 모든 나무 가운데서 가장 늦게 나며, 재배도 어렵고 오랜 시간이 걸린다. 그러나 자라기만 하면 성장하기 쉬우며, 잎이 매우 늦게 피지만, 피기만 하면 곧 그늘을 쉽게 만들어 준다. 꽃이 매우 늦게 피긴 하지만 피기만 하면 곧 흐드러지며, 열매가 매우 늦

62 윤택(尹澤, 1289~1370)은 고려 후기의 문신입니다.

게 맺히지만 맺히기만 하면 쉽게 수확할 수 있다. 그러니 이 밤나무에는 모든 사물에 공통되는 기울면 차고 겸손하면 이익이 있는 이치가 있다." 고 하며 윤상군의 영달을 밤의 생장에 비유했습니다.

밤나무 심고 키우기

밤나무는 시골 마을 주변의 산기슭이나 밭둑에 많이 재배하는 우리나라의 대표적인 과일나무 중 하나입니다. 하지만 밤나무는 높이가 30m까지 자라기 때문에 도시의 작은 정원에는 어울리지 않습니다. 소금기에 약해 해안가에서는 생장이 불량하고 건조에 약하기 때문에 수분 공급을 원활하게 해 줘야 합니다. 토양은 비옥한 양질의 토양이 좋습니다. 가정에서 밤나무를 심으려면 1년 이상 된 묘목이 좋으며, 1년생 묘목의 가격도 다른 유실수에 비해 비교적 싼 편입니다. 자가 불화합성이 크므로, 밤을 얻기 위하여서는 적어도 두 나무를 심어야 합니다.

대단위로 재배하려면 가을에 수확한 종자를 썩지 않게 모래와 섞어 땅속에 저장한 후 이듬해 봄에 파종합니다. 밤나무는 햇빛에서 잘 자라지만 반그늘에서도 생장이 양호합니다. 하지만 좋은 열매를 얻으려면 햇빛이 잘 드는 양지가 좋습니다. 다른 과수에 비해 관리가 간단하며, 경사가 급한 지형에서도 비교적 용이하게 재배할 수 있다는 장점이 있습니다.

휴면지 접목은 1~3월이 적기이며, 충실한 전년지를 접수로 사용하여 절접을 붙입니다. 접수는 1~2개의 눈이 붙은 가지를 4~5㎝ 길이로 경사지게 잘라 준비합니다. 대목은 2~3년생 실생묘를 사용하여 접을 붙이

빈센트 반 고흐, <꽃 핀 밤나무>, 1890

는 위치에서 자르고, 수피와 목질부 사이를 칼로 쪼개어 형성층이 드러나게 합니다. 대목의 갈라진 부분에 접수를 꽂아 넣어 형성층끼리 서로 맞추어 주고, 광분해테이프로 묶어서 단단하게 고정시킵니다. 활착하여 눈이 나오면 대목에서도 눈이 나오는데, 이것은 보이는 대로 바로 제거합니다.

신초 접목은 6~9월이 적기이며, 그해에 나온 충실한 햇가지를 접수로 사용합니다. 접을 붙이는 방법은 휴면지 접목과 같습니다. 실생 번식은 접목의 대목을 생산하는 데 사용하는데, 완숙하여 떨어진 종자를 바로 파종하면 봄에 발아합니다. 여름까지 1~2번 시비하면 생장이 빠른 것은 6~9월에 접목의 대목으로 사용할 수 있습니다.

밤나무를 기르는 데 가장 어려운 것은 병충해와 동해입니다. 병 중에는 줄기를 썩게 만드는 동고병이, 해충 가운데는 혹벌의 피해가 많습니다. 동해는 겨울에 나무줄기가 동상을 입어서 생기는데, 밤나무는 어릴 때 껍질이 얇고 물기가 많아서 겨울에 동상에 걸리기 쉽습니다.

조선 시대의 박세당은 『색경(穡經)』에서 밤나무를 키우는 법과 동해를 막는 방법을 알려 주고 있습니다.

"밤나무는 열매를 심어 가꾸어야 하고 옮겨 심지 않는다. 묘목을 옮겨 심으면 비록 살아나더라도 얼마 안 있어 죽고 만다. 밤이 여물기 시작할 때 씨껍질이 터지면 바로 물기 있는 흙 속에 묻어 둔다. 반드시 깊이 묻어서 추위에 얼어 상하지 않게 해야 한다. 2월이 되어 싹이 나면 꺼내어 심는다. 심고 나면 여러 해 동안 손을 댈 필요가 없다. 일반적으로 새로 심은 나무는 모두 손을 대는 것을 금하는데 밤나무의 성질은 특히 그러하다. 3년 동안에는 매 10월마다 짚으로 감싸 주고 2월에 풀어 준다. 이렇게 하면 얼어 죽지 않는다."

식량으로 대신할 수 있을 만큼 풍부한 영양

우리나라에는 밤나무 외에 약밤나무가 자랍니다. 약밤은 알이 훨씬 작고, 딱딱한 겉껍질을 벗기면 속껍질도 거의 한꺼번에 벗겨집니다. 반면에 밤은 속껍질이 잘 벗겨지지 않습니다. 현재 우리가 먹는 밤은 대부분 일본에서 만든 개량 밤나무이며, 재래종 밤나무는 동고병, 밤나무 혹벌 등의 피해를 받아 거의 없어졌습니다. 길거리에서 파는 알이 작은 밤은 주로 중국에서 수입된 밤입니다.

밤은 나무에 열리는 열매 중에 식량으로 대신할 수 있을 만큼 영양분이 풍부합니다. 탄수화물이 30~50%에 이르며 지방, 당분, 식이 섬유, 화분 등 사람에게 필요한 영양분이 골고루 들어 있으니 어떤 식품에도 뒤지지 않습니다.

밤을 고를 때는 바깥 껍질이 단단하고 팽팽하며 윤기가 있고 둥그스름한 것으로 고릅니다. 생밤은 묽은 소금물에 한나절 담갔다가 물기를 빼고 건조시킨 후 양파망에 넣어 냉장하면 한 달 정도 보관할 수 있습니다. 껍질째로 삶은 것도 비닐봉지에 넣어 냉장고에서 한 달은 보관이 가능합니다. 삶은 후 껍질을 모두 벗기고 냉동용 지퍼백에 넣어 냉동실에 보관했다가, 먹을 때에 삶습니다. 데치는 등 재가열해서 먹을 수도 있습니다.

밤나무 목재는 단단하고 탄닌 성분이 방부제 역할을 하여 잘 썩지 않으며 다른 나무보다 수명이 깁니다. 주위에서 쉽게 구할 수 있고 귀신이 좋아하는 나무라 하여 사당의 위패, 제상(祭床) 등을 만드는 재료로 널리 쓰여 왔습니다. 또, 뿌리 부분에 좋은 문양이 나타나 요즘에는 가구재·조각재·건축재 등으로 활용합니다. 조선 시대 송강 정철(1536~1593)이 지녔던 이름난 거문고로 송강금(松江琴)이 있었는데, 성삼문의 집 뜰에 있는 오동으로 앞판을, 박팽년의 집에 있는 오래된 밤나무로 뒤판을 만들었다고 합니다.

정조 임금이 유일하게 사랑했던 석류

옥 같은 얼굴에 술기운 처음 돌아

발그레한 빛 온통 감도네

겹친 꽃잎 천연스레 공교롭고

예쁜 자태에 객의 마음 설레네

향 피운 듯 맑은 날엔 나비 모이고

불빛 흩어지는 밤에는 새들이 놀라네

예쁜 빛 아끼어 늦게 피라 시켰으니

뉘라서 조물주의 그 마음 알리요

석류(*Punica granatum*)는 이란, 아프가니스탄, 파키스탄 등지가 원산지입니다. 낙엽 활엽 관목 또는 소교목으로 높이가 5~7m 정도까지 자라는 석류나무는 잎이 긴 타원형으로 마주 나고 가지 끝에서는 모여 납니다. 꽃은 5~6월에 가지 끝의 짧은 꽃자루에 1~5송이씩 붉은색으로 피는데, 대부분 암꽃과 수꽃이 함께 핍니다. 열매의 껍질은 두껍고 얇은 칸막이로 된 여섯 개의 작은 방이 있으며 그 안에 수많은 씨앗을 품고 있습니다. 9~10월에 둥글게 6~8㎝의 황홍색으로 자라 장과[63]가 터지면서 붉은색 씨가 나옵니다. 종 모양의 꽃이 예쁘고 열매가 익어서 터지는 모양이 아름다워 관상용으로도 재배합니다. 어린 가지는 네모지고 짧은 가지는 끝이 가시로 변하는데, 요즈음엔 가시가 없는 품종도 보급되고 있습니다.

석류는 기원전 2세기 한나라 무제 때 장건(張騫, B.C. 164~B.C. 113)이 서역에 사신으로 갔다가 돌아올 때 안석국(安石國)에서 마늘, 호도, 포도 등과 함께 들여왔습니다. 그런데 그 열매가 큰 혹(巨瘤)처럼 생겨서 안석국에서 가져온 큰 혹 같은 열매라는 의미로 안석류(安石榴)라고 불리게 되었다고 합니다. 안석국은 카스피해 남부에 있었던 페르시아계의 '파르티아'라고 하는데, 곧 안식국(安息國)을 말합니다. 우리나라에서는 조선 초기까지 안석류라는 이름을 사용했습니다.

이규보에게 벼슬길을 열어 준 석류화시

우리나라에 석류가 들어온 것은 약 10세기 전후로 알려져 있습니다.

63 漿果, 과육과 액즙이 많고 속에 씨가 들어 있는 과실로 감, 귤, 포도 등이 있습니다.

『고려사』에는 의종(재위 1146~1170)이 저녁에 신하들을 봉원전 뜰에 불러 종이와 붓을 주고, 운자를 내어 초가 일정한 금까지 타 들어가기 전에 석류화시(石榴花詩)를 짓게 하여 잘 지은 이에게 술, 과실, 비단 등을 내렸다는 내용이 나옵니다.

앞에 소개한 시는 석류의 아름다움을 읊은 시로, 이규보가 32세 되던 1199년의 오월에 당시 실권자의 아들인 최우(1166~1249)의 집에서 천엽유화(千葉榴花)가 활짝 피었을 때 지은 것입니다. 이 시는 과거에 급제하고서도 관직을 맡지 못하던 그에게는 벼슬길로 나아가는 계기가 된 작품입니다.

정조(재위 1776~1800)도 석류만은 사랑한다고 밝히기도 했습니다. 그의 언행을 기록한 『일득록(日得錄)』에 다음과 같은 내용이 나옵니다. "내가 화훼에 대해서 특별히 아끼거나 좋아함이 없는데, 유독 석류만은 잎이 나면서부터 꽃이 피고 열매를 맺고 성숙하기까지, 그 절후의 조만(早晩)이 화곡[64]과 낱낱이 서로 부합하므로, 내가 몹시 좋아하여 정제[65]에 항상 몇 그루를 남겨 놓았다."

이처럼 사람들이 석류를 좋아한 것은 열매만이 아니라 이 나무의 붉은 꽃이 아름다웠기 때문입니다. 석류나무의 꽃은 꽃받침이 발달하여 작은 종 모양을 이루며, 끝이 여러 개로 갈라지고 여섯 장의 꽃잎이 진한 붉은 빛으로 핍니다. 이런 꽃 모양을 보고 당송팔대가(唐宋八大家) 중 하나인 송나라의 왕안석(1021~1086)은 "짙푸른 잎사귀 사이에 피어난 한 송이 붉은 꽃(萬綠叢中紅一點)"이라고 읊었습니다. 여기에서 시작된 '홍일점(紅一點)'이

64 禾穀, 벼 종류의 곡식을 의미합니다.

65 庭除, 안마당과 바깥마당 사이를 뜻합니다.

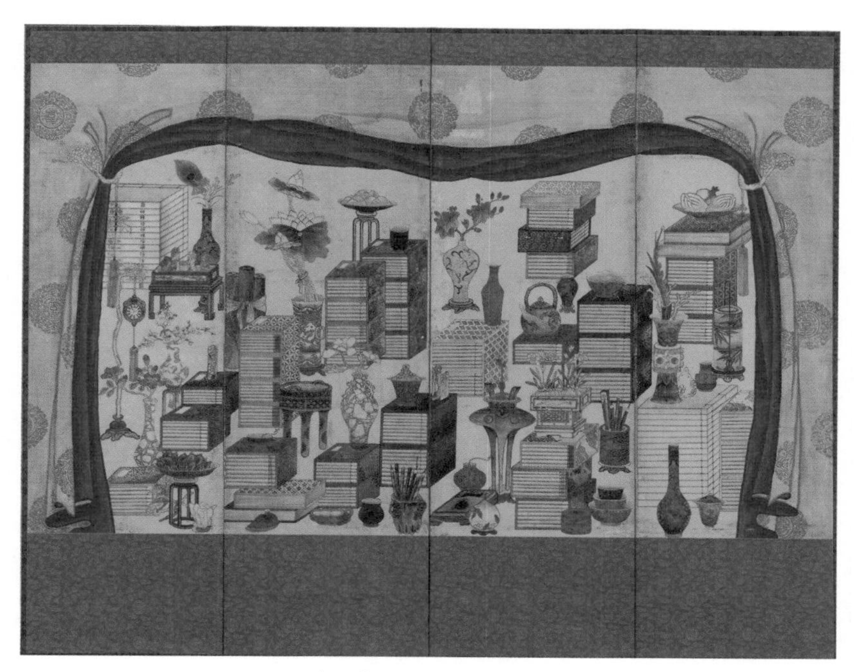

<문방도 병풍(文房圖屛風)>[66], 19~20세기 초, 국립고궁박물관 소장

란 말은 '많은 남자 중 유일한 여자' 혹은 '여럿 중 오직 하나의 이채로운 것'을 뜻합니다.

『양화소록』의 「화목구품」에는 석류가 3품으로 세 번째 등급에 들어 있습니다. 『화암수록』의 「화목구등품제」에는 석류가 5등의 자리에 있고, 화목 28우에는 아리따운 친구라는 의미로 교우(嬌友)라 하여 상당한 친근감을 내보이고 있습니다.

66 장수를 기원하는 '단만수(團萬壽)' 문양이 새겨진 장막 안에 책과 두루마리, 다양한 기형의 완상용 기물 및 벼루, 필통과 같은 문구류를 그렸습니다. 이러한 책과 기물은 관직 등용, 학문과 배움, 문방청완(文房淸玩)의 취미를 상징합니다. 이외에도 다산·부귀·지조·부처와 신선 등을 상징하는 석류·모란·매화·불수감과 수선화 등 여러 가지 꽃과 과일을 배치하였습니다.

문일평은 『화하만필』에서 "석류는 꽃이 좋을 뿐만 아니라 그 열매가 볼 만하고 또 먹을 만하므로 예로부터 흔히 재배하는 바 천엽(千葉)은 열매가 맺히지 아니하고 단엽(單葉)은 열매가 맺히나니 천엽이란 화판(花瓣)이 여러 겹을 이름이요, 단엽이란 화판의 한 겹을 이름이다. 석류는 땅에 심기도 하고 분재도 하나 남방 난지가 아니면 땅에 심는 게 좀 어려우므로 북방 한지에는 분재가 많은 모양이다."고 쓰고 있습니다.

자손이 영원히 끊어지지 않는다

석류는 자손 번창을 상징합니다. 석류 그림은 사내자식을 많이 두기를 비는 뜻으로, 주머니 속에 예쁜 씨앗이 가득 들어 있는 모양이 자손이 많음을 나타낸 것입니다. 따라서 석류는 '다자(多子)'로 해석됩니다. 대개 포도나 수박, 호리병박 등과 같이 주렁주렁 열매가 달린 모양을 그린 것은 이 다자와 의미가 통합니다. 이런 그림에서는 반드시 열매가 덩굴에 매달린 채로 그려 놓게 마련인데, 이렇게 해야만 '자손이 영원히 끊어지지 않는다(子孫萬代)'라는 뜻이 된다고 합니다. 중국에서도 이미 5~6세기 무렵에 자손 번영의 상징으로 왕족의 결혼식에 석류 열매를 바쳤다는 기록이 있습니다.

석류나무 심고 키우기

석류는 그리 넓은 공간을 차지하지 않기 때문에 예로부터 담장가나 뜰에 과수로 많이 심어 왔습니다. 고목이 되면 줄기에서 광택이 나며 굽고 비틀어지고 곳곳에 혹이 생겨 정취 있는 나무로 변하므로 나무 그 자체를 감상하는 것도 즐거움입니다. 초여름에 피는 진한 진홍색의 꽃 또한 열매 못지않게 매혹적입니다. 석류는 꽃과 열매가 모두 감상 가치를 지닐 뿐만 아니라 전통적으로 부귀와 다산을 상징하다 보니, 옛 가옥 안마당 한쪽에 석류나무가 서 있는 모습은 낯설지 않은 풍경입니다.

석류나무는 추운 지방을 싫어해 우리나라 중부 이남 지방에서 잘 자랍니다. 중부 내륙 지방에서는 대개 화분으로 키우며, 햇빛을 좋아하므로 베란다에 내놓는 것이 좋습니다. 토양은 비옥한 토양이 좋으며 습기가 많지 않도록 물 관리를 잘해야 합니다.

물 빠짐이 좋고 햇볕이 잘드는 사질 양토에서 잘 자랍니다. 이른 봄부터 움이 나오기 시작할 때까지가 식재 적기입니다. 식재할 때 밑거름으로 유기질 비료를 주고, 큰 나무라면 지주를 세워 줍니다. 질소성분의 비료를 가급적 줄이고, 인산과 칼륨 성분의 비료를 많이 주면 꽃 피기가 좋아집니다.

석류나무는 전정을 많이 할수록 꽃 피기가 나빠지므로 불필요한 가지만 간단하게 전정합니다. 수형을 만드는 과정은 어린 묘목을 방임해서 키우다가 어느 정도 가지가 나오면 줄기로 사용할 것만 남기고 전정해 줍니다. 도장지나 땅에서 나온 움 돋은 가지와 같이 불필요한 가지는 수시로 제거해 줍니다. 꽃이 피게 되면 도장지나 움 돋은 가지만 제거하고 방임해서 키웁니다. 가지를 자를 때는 분기점 바로 윗부분에서 잘라 줍니다.

번식은 종자, 삽목, 높이 떼기 등의 방법으로 합니다. 가을에 채취한 종자를 노천 매장해 두었다가 다음 해 4월 상순에 파종합니다. 개화할 때까지 5~7년 걸리며, 변이체가 많이 나오는 단점이 있습니다. 숙지삽은 3월 상순~4월 중순, 녹지삽은 6~7월이 적기입니다. 숙지삽은 충실한 전년지를, 녹지삽은 충실한 햇가지를 삽수로 사용합니다. 삽수를 삽목상에 꽂은 후, 숙지삽은 따뜻한 햇볕이 비치는 곳에, 녹지삽은 반그늘에 두고 건조하지 않도록 관리합니다. 새 눈이 나오기 시작하면 서서히 햇볕에 익숙해지도록 적응시키고, 묽은 액비를 뿌려 줍니다. 겨울에는 한해와 동해를 입지 않도록 보호해 주고, 다음 해 봄에 이식합니다.

〈석류도〉, 가회민화박물관 소장

휘묻이의 일종인 높이떼기는 4월 하순에 줄기나 가지를 환상박피해서 물이끼를 감아 놓았다가 뿌리가 발생하면 떼어 내어 옮겨 심습니다. 꽤 굵은 가지도 가능하며 분재용으로 사용하면 좋습니다.

석류나무에서 약으로 복용하는 부분은 열매껍질과 뿌리, 꽃, 잎입니다. 열매 안에 들어 있는 과실은 새콤달콤하면서도 독특한 맛을 가지고 있어서 그냥 먹을 수도 있으며 청량음료의 재료로도 씁니다. 『동의보감』에는 석류는 "목 안이 마르는 것과 갈증을 치료하는 약재로 쓰인다."고 했습니다.

뽕나무를 심으면
쓰이기 쉬우나

우리 집에는 좋은 오동나무 심어서

봉황을 기다렸으나 이르지 않았네

베어다가 거문고 하나 만들어서

유수곡[67]을 뜯었건만

세상에는 종자기[68] 없으니

누가 알아듣는 이 있겠는가

이웃 집에는 뽕나무를 심어

누에를 치니 누에가 잘도 자랐다네

---

67 流水曲, 높은 산과 흐르는 물(高山流水)을 연주하는 곡으로 마음을 담은 곡을 말합니다.

68 백아(伯牙)가 마음속에 생각을 담아 이를 곡조에 얹어 연주하면 종자기(鍾子期)는 곁에서 묵묵히 듣고 있다가 백아의 마음속의 생각을 알아맞혔다는 고사에서 유래합니다.

토해 낸 오색의 실이

미인의 옷이 되어

다행히도 점잖은 자리에 나아가

연회가 끝날 때까지 귀염받으니

뽕나무를 심으면 쓰이기 쉬우나

오동나무 심으면 쓰이기 어렵네

세상 사람들에게 권하노니

뽕나무는 심어도 오동나무는 심지 말게나

뽕나무(*Morus alba* L.)는 뽕나무과에 속하는 낙엽성 소교목입니다. 원산지는 온대 또는 아열대 지방이고, 밭이나 밭둑에 심습니다. 높이는 5~10m 정도이고, 작은 가지는 잘 휘어집니다. 잎은 계란형의 원형 또는 긴 타원형으로 2~5개로 갈라지고, 길이 10㎝ 정도로 가장자리에 둔한 톱니가 있습니다. 뒷면 맥 위에 잔털이 많이 나 있습니다. 꽃은 4~5월에 햇가지 잎겨드랑이에서 연두색으로 피고, 열매는 파랗게 자라서 익을수록 빨갛게 되고 완숙이 되면 까맣게 변합니다.

뽕나무는 일찍부터 중시되어 동아시아 지역에 널리 퍼졌습니다. 동아시아 고대 문헌에서 가장 많이 언급된 나무가 뽕나무이지 싶습니다. 뽕나무는 한자로 상(桑)이라 합니다. 뽕나무를 키워 누에를 치고 비단을 짜는 일은 예부터 농업과 함께 농상(農桑)이라 하여 나라의 근본으로 삼았습니다.

중국에는 말가죽을 걸친 누에의 신(蠶神)과 관련된 전설이 남아 있습니다. 먼 옛날 어떤 사람이 오랫동안 집을 떠나 있었고 홀로 남은 어린 딸이 키우던 말에게 '말아! 네가 아버지를 모시고 돌아온다면 너에게 시집

갈 텐데.'라고 농담을 했습니다. 그러자 말이 벌떡 일어나 마구간을 뛰쳐나가더니 며칠 뒤 아버지와 함께 돌아왔습니다. 아버지는 말을 기특히 여겨 이전보다 좋은 사료를 주었지만, 말은 먹는 것도 마다하고 딸이 드나들 때마다 날뛰었습니다. 이를 이상히 여긴 아버지가 딸에게 자초지종을 들은 뒤, 비록 말을 사랑하지만 결코 사위로 삼을 수는 없었기에 말을 죽이고는 가죽을 벗겨 두었습니다. 아버지가 외출한 사이, 딸이 말가죽을 보고 놀렸습니다.

"이 못된 짐승아, 감히 사람을 마누라로 삼으려 하다니. 그 꼴을 보니 정말 고소하구나."

이 말이 끝나기도 전에 말가죽이 날아오르더니 딸을 둘러싼 후 사라졌습니다. 이후 아버지가 큰 나무의 나뭇잎 사이에서 온몸이 말가죽으로 둘러싸인 딸을 찾아냈지만, 이미 꿈틀거리는 벌레로 변해 있을 뿐 아니라 입으로는 흰 실을 토해 내고 있었다 합니다.

뽕나무를 심으면 쉰 살의 사람이 비단옷을 입을 수 있어

전국 시대 맹자(孟子, B.C. 372~B.C. 289)의 언행을 기록한 경전인 『맹자』의 양혜왕편에, "다섯 묘(畝)의 집에 뽕나무를 심게 하면 쉰 살의 사람이 비단옷을 입을 수 있으며, 닭과 돼지를 키우며 새끼 칠 때를 놓치지 않으면 칠십 살의 사람이 고기를 먹을 수 있으며"라는 구절이 있어 지금부터 2천 3백여 년 전에도 누에를 치고 비단을 짰음을 알 수 있습니다.

이렇게 해서 중국에서 만들어진 비단이 아시아 대륙을 넘어 유럽까지 전달되던 길을 실크로드, 즉 비단길이라 불렀습니다. 우리 인류에게 비단을 안겨 준 고마운 나무가 바로 뽕나무입니다. 뽕잎을 먹고 자란 누에가 만들어 낸 고치인 누에고치에서 뽑아낸 실이 비단실이고, 이 실로 짠 옷감이 비단으로 여름에는 시원하고 겨울에 따뜻하며 촉감이 좋은 고급 천입니다. 인류가 만들어 낸 옷감 중 동서양의 모든 사람들을 열광시켰던 최고의 옷감은 역시 비단일 것입니다.

중국을 의미하는 영어 차이나(China)의 어원도 진나라에서 온 게 아니라 '비단(Cina)'에서 유래했다고 합니다. 그러니 중국은 곧 비단을 의미하며, 중국산 비단을 애용했던 로마인들도 중국을 비단의 나라로 불렀습니다.

빈센트 반 고흐, 〈뽕나무〉, 1889

우리나라에서 누에를 키우기 위해 뽕나무를 심은 것은 삼한 시대로 거슬러 올라가며, 기록상으로도 『삼국사기』에 박혁거세 17년(B.C. 41)에 왕이 알영 왕비와 함께 6부를 돌아다니며 농사와 양잠을 장려했다는 기록이 있습니다.

또, 중국 기록인 『양서(梁書)』에 "신라는 토지가 비옥하여 오곡을 심는데 적당하고, 뽕나무와 삼나무가 많아서 비단과 삼베를 짠다."고 했고, 『북사(北史)』에 "백제는 삼베와 비단, 명주실과 삼실, 쌀 등으로 세금을 거둔다."고 했습니다. 이들 기록으로 미루어 신라와 백제에서 뽕나무를 재배하여 양잠을 활발히 했음을 짐작할 수 있습니다.

집 주위에 의무적으로 심었던 나무

뽕나무는 고려 시대와 조선 시대에는 집 주위에 의무적으로 심게 했던 나무였습니다. 농업을 중시하던 조선 시대에도 왕은 선농단, 왕비는 선잠의식에 주인공으로 참여했습니다. 서울 강남의 지명으로 지금까지 남아 있는 잠실(蠶室)은 조선 시대 이곳에 뽕나무를 많이 심고 양잠을 장려하여 생긴 이름입니다. 잠(蠶)은 누에를 뜻하니 잠실은 누에를 기르는 방을 말하는데, 누에 치는 사람이 모두 여자였으므로 이곳의 감독관으로 환관, 즉 내시를 파견했다고 합니다.

박세당(1629~1703)의 『색경(穡經)』 하권에는 뽕나무 기르기(養桑法)와 양잠경(養蠶經)을 별도로 두어 수십 쪽에 걸쳐 많은 지면을 할애해 자세히 서술하고 있습니다. 이를 통해 당시에 양잠이 얼마만큼 중시되었는지를 가늠할 수 있습니다.

정조(재위 1776~1800)의 언행을 기록한 『일득록(日得錄)』에도 "정전(井田)의 제도는 의논하여 시행하지 못하더라도, 5묘에 뽕나무를 심는 법은 행하기가 매우 쉽고, 더욱이 후생(厚生)에 있어 긴요히 쓰이는 것이 된다. 강화 유수(江華留守)로 하여금 권장하고 독려하게 하여 백성들이 이익을 볼 수 있고 여러 도에서 본보기로 삼을 수 있도록 하라."는 내용이 남아 있습니다.

뽕나무 심고 키우기

뽕나무는 크게 집뽕나무와 산뽕나무로 나뉩니다. 집뽕나무의 한자는 상(桑)이고, 산에서 저절로 자라는 산뽕나무의 한자는 자(柘)로, 우리가 일반적으로 이야기하는 뽕나무는 집뽕나무이며, 흔히 '가상(家桑)'이라 부릅니다.

우리나라의 기후 조건은 뽕나무를 재배하기에 좋아 전국 어디에서나 뽕나무를 키울 수 있습니다. 뽕나무는 그늘보다 양지에서 더 잘 자라며, 비옥하고 다습하며, 배수가 잘되는 토양이 좋습니다. 내한성이 강하지만, 미성숙한 물관부는 서리의 피해를 입는 경우가 있습니다. 뽕나무를 가정에서 키우려면 묘목으로 키우는 것이 좋으며, 차고 건조한 바람을 막아 줍니다. 생장 속도가 빨라 녹음식재, 경계식재 또는 가로수로 활용이 가능합니다.

뽕나무는 종자, 삽목, 접목으로 번식시킵니다. 실생묘는 양친의 특성을 가지지 않고 열성 형질을 나타내므로 주로 접목에 쓸 대목을 생산하는 데 사용됩니다. 6월 중하순에 뽕나무의 종자를 채취하여 바로 파종하여 관리하면, 충실한 대목을 얻을 수 있습니다. 삽목은 봄에 싹이 트기 전에 전년지를 10~15㎝ 길이로 잘라서, 마사토나 강모래를 넣은 삽목상에 꽂고 마르지 않게 관리합니다.

접목은 주로 눈을 대목에 접붙이는 방법을 많이 사용합니다. 휘묻이는 뿌리 부근에 나온 움돋이를 흙으로 묻어 두었다가 발근하면 떼어 내어 옮겨 심습니다. 뽕나무 뿌리의 겉은 황갈색이나 안쪽은 백색입니다.

서리 내린 뒤에 딴 뽕잎인 상상엽(霜桑葉)은 당뇨병 치료제, 뿌리의 껍질을 벗겨 말린 상백피(桑白皮)는 이뇨, 소염, 진해제로, 가지는 경기(驚氣)에 좋습니다. 꽃은 빈혈 치료에 좋고, 열매인 오디는 달고 맛있어 그대로 먹거나 오디주를 담가 먹기도 하며, 말려서 한약재로도 씁니다. 이뇨 효과와 함께 기침을 멈추게 하고 강장 작용이 있으며, 기타 여러 가지 질병 치료에도 효과가 있는 것으로 알려져 있습니다.

최근에는 건강식품의 재료로서 뽕나무를 많이 키우고 있습니다. 뽕잎차를 만들거나 분말로 국수를 만들기도 하고, 누에로는 동충하초(冬蟲夏草)를 생산합니다.

대감 벼슬을 받은 소나무

송화

소나무도 봄빛은 저버리지 않으려고

억지로 담황색의 꽃을 피웠네

우습다 곧은 마음도 때로는 흔들려서

황금 가루로 사람 위해 단장하는가

송이버섯

이 버섯만은 소나무에서 나

항상 솔잎에 덮였었다네

소나무 훈기에서 나왔기에

맑은 향기 어찌 그리도 많은지

향기 따라 처음 얻으니

두어 개만 해도 한 움큼일세

소나무(*Pinus densiflora* Sieb. et Zucc.)는 소나무과에 속하는 상록 침엽 교목으로 우리나라 전역에서 잘 자랍니다. 학명에서 속명인 Pinus는 '산에서 나는 나무'라는 뜻의 켈트어 핀(Pin)에서 유래되었습니다. 종명인 densiflora는 소나무의 암꽃과 수꽃의 모양을 나타낸 말로 '꽃이 빽빽하게 모여 있다'는 뜻입니다.

높이는 약 30m, 지름은 약 2m 정도까지 자라며 가지는 사방으로 퍼지고 나무껍질은 적갈색으로 조각조각 떨어지고, 한 다발에 솔잎이 2개씩 나는 이엽송입니다. 5월에 노란색의 꽃이 피고, 열매는 이듬해 9~10월에 길이 4㎝, 지름 3㎝의 짙은 갈색의 구과[69]로 여뭅니다. 종자는 타원형으로 흑갈색이며, 줄기에 상처가 나면 향긋한 냄새가 나는 송진이 나옵니다.

소나무의 꽃인 송화(松花)는 바람의 매개에 의하여 수분이 이루어지는 풍매화(風媒花)로 곤충을 유인할 필요가 없으므로 아름다운 색채와 달콤한 꽃꿀과 향기가 없습니다. 그렇지만 송화는 꽃보다도 꽃가루(花粉)에 운치가 있습니다. 바람 따라 흩어질 적에는 황금가루를 뿌리는 듯합니다. 이런 그윽한 정취는 아름다움에 대한 감각이 날카롭던 신라 사람이 일찍 사랑하던 바라 하면서, 문일평은 『삼국유사』를 인용해 다음과 같은 기록을 남겼습니다.

"신라 서울 근교에 재매곡(財買谷)이 있으니 삼국을 통일한 김유신(595~673)

69 毬果, 목질(木質)의 비늘 조각이 여러 겹으로 포개어져 둥글거나 원뿔형이며, 미숙할 때는 밀착되어 있으나 성숙함에 따라 벌어지는 열매입니다.

의 종녀(宗女)인 재매(財買)[70]를 매장한 곳으로, 해마다 늦은 봄이 되면 김씨 문중의 남녀가 모여 좋은 음식을 차려 먹으며 친목을 두터이 했던 곳이다. 이처럼 문중의 친목회를 열면서 재매곡을 택한 것은 종녀의 묘소 근방도 되고 자연의 경치도 좋을 뿐 아니라 봄이 가장 놀이하기에 적합하였던 때문인가 한다. 그네들은 온갖 꽃들을 즐기며 깊숙한 골짜기에 흐르는 맑은 물에 황금을 뿌린 듯한 송화의 정취를 즐긴 것이다. 이곳에 지은 김씨의 원당(願堂)을 송화암(松花庵)이라 일컬은 것도 역시 이 송화에서 유래한 것이라 한다."

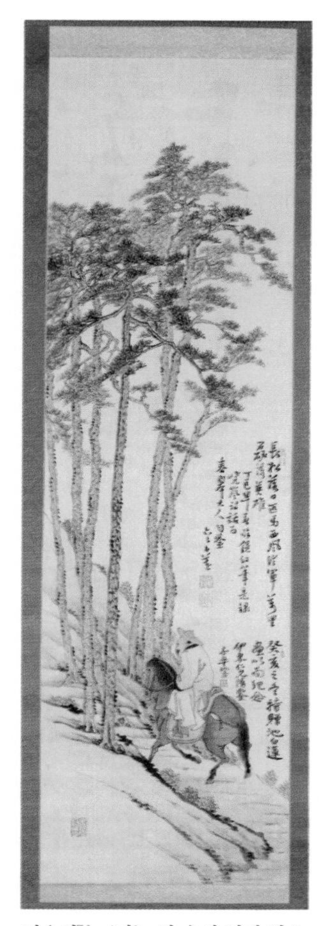

지운영[71], 〈지는 해 속에 길게 뻗은 소나무〉, 구한말

조선 시대 『양화소록』의 「화목구품」과 『화암수록』의 「화목구등품제」를 보면, 하나같이 소나무를 1품 또는 1등으로 최고의 등급에 위치시켜 놓고 있습니다. 또 『화암수록』의 화목 28우에서는 소나무를 노우(老友), 즉 나이 먹은 친구로 표현하고 있어 세월이 흘러도 변치 않는 소나무에 대한 애정을 나타내고 있습니다.

70 재매가 김유신의 딸이란 설로부터 시작해 부인, 심지어는 어머니라는 설까지 다양하게 있습니다.

71 구한말 개화 지식인이자 서화가였던 지운영(池雲英, 1852~1935)의 작품으로, 해 질 무렵 높이 솟은 소나무 숲으로 들어가는 선비의 모습을 주제로 하였습니다.

황제의 궁전을 수호하는 백목의 장로

『사기(史記)』에 "송백은 백목(百木)의 장로로서 황제의 궁전을 수호하는 나무"라 하고 있습니다. 또 왕안석은 『자설(字說)』에서 "소나무에는 공(公)의 작위를, 잣나무에게는 백(伯)의 작위를 주었다."고 합니다.

이와 관련해 진(秦)의 시황제(재위 B.C. 247~B.C. 210)가 산동성에 위치한 태산(泰山)에서 갑자기 비를 만났을 때 비를 피하게 해 준 고마운 소나무에게 공의 벼슬을 내려 소나무 송(松)자가 만들어졌다고 합니다. 이와 유사한 예가 우리나라에도 있는데 바로 조선 시대 세조(재위 1455~1468)가 내린 속리산의 정이품송(正二品松)입니다.

소나무는 큰 나무로 자라고 또 은행나무 다음으로 오래 사는 나무입니다. 때문에 십장생[72]의 하나로 장수(長壽)를 의미합니다.

거대하게 자란 소나무는 장엄한 모습을 보이고 줄기·가지·잎은 아름다운 조화를 만들어 내며, 눈보라 치는 역경 속에서도 변함없이 늘 푸른 모습을 간직하고 있습니다. 또한 솔은 한 번 베어 버리면 다시 움이 나지 않습니다. 이러한 특성 때문에 절개와 지조를 보여 주는 나무로 예술 작품에 많이 담아냈습니다.

한국인이 가장 좋아하는 나무

2007년의 산림청 통계에 의하면 우리나라 사람들이 가장 좋아하는 나무는 소나무로 66.1%를 차지했습니다. 2위는 9.1%의 은행나무였으며,

72 十長生, 장생불사한다는 열 가지로, 해·산·물·돌·구름·소나무·불로초·거북·학·사슴을 뜻합니다..

단풍나무, 느티나무, 감나무 순으로 집계됐습니다. 이처럼 많은 이들이 좋아하는 소나무는 비슷한 종류도 많이 있습니다.

우리나라에서 자라는 소나무속에는 모두 13종류가 있는데, 이들은 잎이 달리는 개수에 따라 세분합니다. 소나무, 곰솔, 반송 등의 소나무 종류는 2장씩, 잣나무, 섬잣나무, 스트르브잣나무 등의 잣나무 종류는 5장씩, 그리고 백송, 대왕송, 리기다소나무 등은 3장씩 잎이 모여나 구별이 됩니다. 물론 이 종류들은 열매의 특징, 잎의 길이, 줄기의 색깔 등에 따라서도 구별이 됩니다.

2엽인 소나무종류 가운데서도, 곰솔은 바닷가에서 자라는 소나무의 형제로 해송(海松)이라고도 합니다. 반송(盤松)은 보통의 소나무가 외줄기

빈센트 반 고흐, <Pine Trees in the Fen>, 1884

인 것과 달리 아래부터 여럿으로 갈라집니다. 춘양목(春陽木)은 해방 직후 영동선 춘양역에서 많이 가져온다고 하여 붙여진 이름인데, 정식 이름은 금강소나무입니다. 미송(美松)은 미국의 대표적인 바늘잎나무로서 소나무와 과(科)가 같으나 속(屬)이 다르고, 금송(金松)은 낙우송과의 나무로서 소나무와는 아무런 관련이 없습니다.

소나무는 우리나라 전국 어디에서나 잘 자라는 나무입니다. 예로부터 늘 가까이에 함께하여 친근한 나무로 정이품송 전설처럼 우리 역사에 등장하기도 하며, 애국가 가사에도 '남산 위에 저 소나무 철갑을 두른 듯'이라고 나옵니다.

소나무는 소나무과에 속하는 상록성 교목으로 우리말로는 솔이라 부릅니다. 솔은 위에 있는 높고 으뜸이란 의미로, 나무 중에서 가장 우두머리라는 '수리'라는 말이 술에서 솔로 변하였다는 학자들의 풀이가 있습니다. 한자 이름으로는 나무껍질에 붉은빛이 돌아 적송(赤松), 여인의 자태처럼 부드러운 느낌을 주어 여송(女松), 주로 내륙 지방에서 자라기에 육송(陸松) 등으로 부릅니다. 잎이 2개로 되어 있어 이엽송(二葉松), 또 금강송(金剛松), 춘양목(春陽木), 황장목(黃腸木) 등 자라는 지역, 모양, 색깔로 나누어 이름을 붙여 부르기도 합니다.

소나무는 성장이 빠르고 햇볕을 좋아하는 극양수이나 비교적 척박한 땅에서도 잘 자랍니다. 잎의 느낌이 부드럽고, 수피는 독특한 적갈색입니다. 줄기는 직간인 것도 있지만, 굽거나 경사를 이루는 게 많은데 휘어진 가지의 곡선미가 자연스럽습니다.

소나무는 5월에 꽃이 피어 조금 자라다가 성장을 정지한 후 이듬해 봄부터 빠르게 자라 가을에 씨앗을 품은 솔방울을 완성합니다. 뿌리는 땅속에 깊이 자라는 심근성(深根性)입니다. 겨울철 날씨가 추워지면 어린 묘의 솔잎이 적갈색으로 변하지만 봄이 되면 다시 초록이 됩니다.

태백산 줄기를 타고 금강산에서부터 경북 울진, 봉화를 거쳐 영덕, 청송 일부에 자라는 소나무는 우리 주위에서 흔히 볼 수 있는 굽은 소나무와는 달리 줄기가 곧고 바르며, 마디가 길고 껍질이 유별나게 붉습니다. 이 소나무는 금강산의 이름을 따서 금강소나무(金剛松), 혹은 줄여서 '강송'이라고 이름을 붙였습니다. 흔히 춘양목(春陽木)으로 더 널리 알려진 바로 그 나무입니다. 춘양목은 나뭇결이 곱고 부드러우며, 나무를 켠 뒤에도 휘거나 트지 않고, 잘 썩지도 않으며, 안쪽은 붉은빛이 돌며 다듬고 나면 윤기가 흐르는 등 장점이 많아 최고의 목재로 인정받고 있습니다.

곰솔과 잣나무

곰솔(*Pinus thunbergii*)은 제주도로부터 동해안의 강릉, 서해안에서는 경기도의 해안 지대까지 분포합니다. 보통 해풍의 영향이 미치는 해안가 낮은 지대의 모래땅에서 많이 자라지만, 서해안에서는 내륙 지역에까지 분포하고 있습니다. 일반적으로 소나무가 내륙지방에서 자라는 데 비해 곰솔은 해안이나 섬에서 자라고 있어서 해송(海松)이라고 불리기도 하며, 소나무의 수피가 붉은 데 비해 곰솔의 수피는 검기 때문에 흑송(黑松), 잎이 굵고 색이 진하며 억세어 남성다워 보인다고 해서 남송(男松)이라고도 부릅니다.

나무 모양은 바르나 재질이 떨어져 재목으로는 좋지 않지만, 어릴 때의 생장이 빠르고 군집성이 높아서 해안 지대의 방조림·풍치림 등으로 식재되어 왔습니다. 소나무보다 맹아력과 발근력, 착근력이 좋아 분재의 소재로 많이 쓰이고 있기도 합니다. 보통 토심이 깊고 비옥한 곳에서 잘 자라고 건조하고 척박한 지역에서도 견디나 내한성이 약합니다.

잣나무와 소나무는 생김새에서도 알 수 있듯이 서로 가족 관계에 있습니다. 사람에 비유하면 성씨(姓氏)가 같다고 할 수 있는데, 잣나무와 소나무의 성씨는 바로 피누스(Pinus, 소나무속)입니다. 둘 사이는 바늘 같은 잎의 개수에 따라 구별합니다. 잣나무는 바늘 같은 잎이 5개이지만 소나무는 2개입니다. 그리고 외국에서 들어온 소나무 종류는 모두 바늘잎이 3개로 리기다소나무, 백송, 테에다소나무 등이 이에 속합니다. 나무껍질에서도 차이가 있어, 잣나무가 검은빛을 띠는 갈색으로 비늘 모양이지만 소나무는 거북 등껍질처럼 두껍고 깊게 갈라지고 위로 갈수록 붉은색을 띱니다. 이외에 잣나무 씨앗에는 날개가 없지만 소나무 씨앗에는 날개가 있습니다.

소나무 심고 키우기

소나무는 질감이 부드러운 잎, 적갈색 수피, 나무의 곡선 등의 요소로 우리 국민이 가장 사랑하는 수종입니다. 예로부터 정원수나 풍치수로 심어와 전국 각처에 이름난 소나무숲이 있고 곳곳에 정자목과 동신목[73]이 산재해 있습니다. 우리나라 자연 경관에서 가장 중요한 자리를 차지하고 있으며, 현대 조경에서도 필수 불가결한 소재입니다. 자연스런 수형미

73 洞神木, 마을의 안녕과 평화를 지켜 준다고 여겨 옛날부터 마을 사람들이 신격화하여 보호해 온 나무를 말합니다.

정선(鄭敾)[74], <오래된 소나무(古松圖)>, 조선 후기

를 지니고 있어서 독립수로 활용하거나, 넓은 공간에 군식을 하면 멋진 경관을 연출할 수 있습니다. 요즘은 도심의 큰 빌딩 주변이나 고층 아파트단지 주변에도 많이 식재되고 있습니다.

---

74 정선(鄭敾, 1676-1759)은 조선 후기 〈인왕제색도〉, 〈금강전도〉, 〈통천문암도〉 등을 그린 화가입니다. 회화 기법상으로는 전통적 수묵화법(水墨畫法)이나 채색화(彩色畫)의 맥을 이어받기도 하였지만, 나름대로의 필묵법(筆墨法)을 개발하였습니다. 이것은 자연미의 특성을 깊이 관찰한 결과로, 예를 들면 삼성미술관(三星美術館) 소장의 〈인왕제색도(仁王霽色圖)〉에서는 인왕산의 둥근 바위 봉우리 형태를 전혀 새로운 기법으로 나타냈습니다. 정선은 선비나 직업 화가에 관계없이 커다란 영향을 끼쳐 겸재파 화법(謙齋派畫法)이라 할 수 있는 한국 실경산수화의 흐름을 적어도 19세기 초반까지 이어 가게 하였습니다.

소나무는 햇볕을 좋아하는 양수이며, 건조하고 척박한 토질에서도 잘 자라나 염분과 공해에는 약합니다. 뿌리가 수직으로 깊게 뻗는 심근성으로, 원래 이식성은 불량하지만 이식 기술의 발전으로 근래에는 높은 활착률을 보이고 있습니다. 밭에서 재배한 것은 상당히 큰 나무라도 이식이 쉽지만, 산에서 오랫동안 자생하던 것은 1년 정도에 걸쳐 완전히 뿌리돌림을 하여 잔뿌리를 발달시킨 후에 이식하는 것이 좋습니다. 옮겨심기를 한 후에 밑거름으로 퇴비를 주며, 이후에는 거의 비료를 줄 필요가 없습니다. 잎이 황색으로 변하면 질소질 비료를 조금 줍니다.

형질이 크게 변하지 않는 소나무나 곰솔 같은 종류를 번식시키거나, 대목묘를 양성할 경우에는 종자로 번식시킵니다. 원예품종은 늦겨울에 접목을 합니다. 종자 번식은 가을에 솔방울 속에 든 씨를 따서 말려 두었다가 이듬해 3월에 파종합니다. 묘상은 동서 방향으로 길게 조성합니다.

한편, 산림청에서는 지난 2003년부터 문화일보와 함께 소나무 살리기 캠페인을 벌이고 있습니다. 해마다 이른 봄에 신청을 받아 금강소나무 묘목과 씨앗을 분양하고 있습니다. 저도 10년 전에 응모하여 받은 씨앗을 뿌려 키우는 게 몇 그루 남아 있습니다. 지난해 문화일보로부터 받은 씨앗 봉투에는 '금강소나무 씨 뿌리고 키우는 법'과 '1년생 소나무 묘목 관리법'이 자세히 나와 있었습니다.

탱자, 속에는
하얀 살도 있지만

본래는 귤과 같은 종류나

회북(淮北)에 와서 그렇게 변하였네

생김새는 귤과 닮았으나

향기는 귤과 다르니

마치 사람의 착하던 본성도

곳에 따라 변하는 것과 같네

속에는 하얀 살도 있지만

너무 시어 먹을 수 없어라

귤에게 종이 될 물건인데

귤을 종이라 함은 잘못이지

제 본성 잃는 소인을

나는 보기도 싫은데

어째서 아이들은

온종일 가지고 노는지

가지고 놀 뿐만 아니라

씹으며 냉큼 버리지 못하네

탱자(*Poncirus trifoliata*)는 운향과에 속하는 관목상으로 자라는 교목입니다. 줄기가 항상 푸르러 상록수로 착각하기 쉬우나 낙엽수입니다. 예전에는 중국의 중부 지방이 원산지로 알려졌으나, 우리나라에서도 낙동강 하구의 섬에서 자생지가 발견되었습니다. 높이는 3~4m 정도이고, 잎자루에 날개가 있고, 잎은 어긋나고, 가장자리에 둔한 톱니가 있습니다. 가지에는 가시가 많습니다. 꽃은 4~5월에 잎보다 먼저 흰색으로 피고, 열매는 9~10월에 둥글게 여뭅니다.

잎은 3장씩 모여 달린 형태이고 가장자리에 둔한 톱니가 있으며 잎자루에 날개가 있는 점으로 다른 유사종과 쉽게 구별됩니다. 5월에 잎이 나오기 전에 잎겨드랑이에 지름 3.5~5㎝ 정도로 피는 흰 꽃들이 화려하지는 않지만 온 나무를 뒤덮으면서 피어 그런대로 볼만합니다. 가을에 황금색으로 탐스럽게 익는 지름 3㎝ 정도의 둥근 열매는 털이 있으며 향기가 대단히 좋지만 먹을 수는 없습니다. 어린 가지는 녹색이고 단면이 약간 납작합니다. 길이 3~5㎝ 정도 되는 단단한 가시가 어긋나게 달립니다.

가시는 식물이 자신을 지키는 가장 대표적인 방어 수단입니다. 가시는 끝을 날카롭게 함으로써 동물이 갉아 먹지 못하게 합니다. 초원이나 목장에서는 가시가 있는 식물이 초식동물에게 먹히지 않고 살아남는 모습을 곧잘 볼 수 있습니다. 식물은 자신을 지키고자 궁리를 거듭하여 가시를 만들었습니다. 예컨대 장미와 두릅나무, 산초나무는 표피를 변화시켜 가시를 만들었습니다. 탱자나무는 줄기에 날카로운 가시가 있는데, 이 가시는 줄기가 변화한 것이 아니라 줄기에 붙은 잎이 아주 가늘게 변화한 것입니다. 잎이 바늘처럼 가늘게 변화한 대표적인 식물이 선인장입니다. 사막에서 자라는 선인장은 잎을 바늘처럼 만듦으로써 잎에서의 수분 증발을 막고, 동물로부터 자신을 지킵니다.

그렇지만 이런 가시도 날개가 달린 새나 나비로부터는 크게 도움이 되지 못합니다. 실제로 탱자나무는 참새들의 보금자리가 되기도 하며, 호랑나비는 운향과 식물인 탱자나무나 귤나무, 산초나무 등에 산란을 하고 애벌레는 그 잎을 갉아 먹습니다.

학명 중 트리폴리아타(trifoliata)는 '잎이 세 개'라는 뜻입니다. 이는 탱자의 잎이 세 개씩 달리는 것을 강조한 것으로, 영어권에서도 '트리폴리지 오렌지(Trifoliage Orange)'라 부릅니다. 폰키루스(Poncirus)는 귤을 뜻하는 프랑스어 '퐁키레(poncire)'에서 유래했습니다.

탱자에 관한 고사로는 중국의 『춘추좌씨전』에 나오는 다음 이야기가 유명합니다. 제나라 재상 안영(B.C. 578~B.C. 500)이 초나라 여왕(厲王)을 만나러 갔을 때, 제나라 도둑을 잡아 놓고 "당신 나라 사람은 도둑질을 잘하는군." 하고 비아냥거렸습니다. 이때 안영이 말하기를 '제가 듣기로는 귤이 회남에서 나면 귤이 되지만, 회북에서 나면 탱자가 된다고 들었습니다. 저 사람도 초나라에 살았기 때문에 도둑이 됐을 것입니다."라고 대답했습니다. 앞에 소개한 이규보의 시 앞부분에도 등장하지만 사람이 사는 주변 환경의 중요성을 강조할 때 많이 인용되는 이야기입니다.

이 '귤이 회수를 건너면 탱자가 된다"는 귤화위지(橘化爲枳)에 대해 조선 초기의 강희안은 『양화소록』에서 다른 견해를 표명했습니다. 그가 임금으로부터 하사받은 귤의 씨앗을 심어 가꾼 이야기입니다. "봄이 되자 가지가 돋아나 남국에 나서 자란 것과 차이가 없고 비록 서리와 눈을 만나더라도 빳빳한 잎이 한결 푸르고 바람이 잔잔하게 스치면 향기 또한 흐뭇하였다. (중략) 강북에선 탱자가 된다는 말이 어찌 이치에 맞는다 하겠는가? 대개 남방과 북방의 풍토가 각각 다름을 말했을 것이다."

귀신도 뚫지 못하는 탱자나무 울타리

5월에 흰색 꽃이 잎보다 먼저 피며, 9월에 익는 노란 열매는 향기가 좋으나 먹지는 못합니다. 탱자나무 울타리는 한자로 지리(枳籬)라 부르며, 울타리로 심는 이유는 길고 억센 가시가 많기 때문입니다.

탱자나무 울타리는 귀신도 뚫지 못한다고 할 정도이니 외부인이나 동물의 침입을 막는 데는 이보다 더 좋은 나무가 없습니다. 예로부터 과수원 울타리 혹은 논이나 밭의 경계를 나타내는 데 많이 이용되어 왔으며, 귀양 온 중죄인이 달아나지 못하도록 하는 형벌인 위리안치(圍籬安置)를 행하는 산울타리로도 쓰였습니다.

탱자나무는 햇빛이 잘 들고 배수가 잘되는 비옥한 토양을 좋아합니다. 내한성이 강하지만, 차고 건조한 바람은 막아 줍니다. 이식은 쉬운 편입니다. 대부분 산울타리로 심기 때문에 심어진 장소에 맞게 전정을 해 주는데, 기본적으로는 햇볕과 바람이 잘 통할 수 있도록 바깥쪽을 넓게 해 줍니다. 시기는 꽃이 진 후입니다.

번식은 종자로 합니다. 종자를 채취하여 직파하거나 습기 있는 모래와 섞어 보관해 주었다가 다음 해 봄에 파종합니다. 종자 저장 시 건조하지 않도록 주의해야 합니다. 발아율은 95% 정도로 매우 높습니다. 삽목은 발아율이 높지 않기 때문에 그다지 이용하지 않습니다.

육성된 탱자나무 묘목은 나무의 성질이 강해서, 귤나무 접목에 대목으로 이용합니다. 그리하면 나무가 빨리 자라고 열매를 빨리 맺을 수 있으며 과실의 맛도 좋아질 뿐 아니라 특정 바이러스에 대해서는 면역성도 생기고 뿌리에 기생하는 선충도 줄인다고 합니다. 그러나 비료 소모량이 많고 노쇠도 빨리 온다는 단점도 있습니다.

가을에 익는 탁구공만 하고 씨가 아주 많은 열매는 신맛이 상당히 강해서 날것으로 식용하기는 어렵습니다. 한방에서는 이 탱자를 약으로 쓰는데 충분히 익지 않은 푸른 열매를 둘 내지 셋으로 돌려 잘라 지실(枳實)이라고 부르고 습진을 다스리는 데 이용하며, 탱자의 껍질을 말린 것을 지각(枳殼)이라 하고 건위, 지사제로 이용합니다.

3

과일과 채소

한바탕 잘 먹은 그 은혜를

겉과 속이 똑같이
붉은 과일인 감

서리 맞아 무르익은 붉은 홍시는
병든 내 입술을 촉촉히 적셔 주네
빛나는 살덩이는 붉은 비단 색깔이요
흐르는 기름은 붉은 옥의 진액일세

처음엔 화룡(火龍)의 알과 흡사하여
주저하며 선뜻 먹지 못하였네
먹어 보고는 백배 사례하거니
한바탕 잘 먹은 그 은혜를

저 멀리 뱃길로 부쳐 왔네

살은 물렀으나 형체는 말짱해
약간의 습기 축축히 남아 있어
손에 닿아도 굴러가지 아니하네

이 시는 『동국이상국집』 후집 7권에 나오는 「홍시를 보내온 하 낭중에게 사례하다」라는 시이며, 후집 8권에는 「하 낭중이 보내온 곶감에 사례하다」라는 시가 있습니다.

전에는 꾸러미에 싼 홍장(紅漿)을 마시고
지금은 꼬챙이에 꿴 유옥(黝玉)을 먹게 되니
늙은 치아에 무른 홍시가 맞고
병든 입에는 마른 곶감도 더욱 좋다오
칠절(七絶)을 겸했으니 이름이 두루 알려졌고
세 번씩이나 보내 주었으니 고맙기 그지없구려
몹시 우스운 건 다 먹고 남은 꼬챙이를
손에 들고 남은 찌꺼기까지 씹고 있네

감나무(*Diospyros kaki*)는 우리의 전통적인 과일나무 중 가장 쉽게 볼 수 있는 나무입니다. 감나무과의 낙엽 활엽 교목인 감나무는 동아시아 온대 지방의 특산종으로 우리나라, 중국, 일본에서 널리 재배되고 있습니다.

감나무는 높이가 15m 정도까지 자라고, 가지는 널리 사방으로 퍼지고, 잎은 두껍고 넓으며 가장자리에는 톱니가 없습니다. 나무껍질은 비늘 모양으로 갈라집니다. 꽃은 5월과 6월에 연한 노란색으로 피는데 한

나무에 암꽃과 수꽃이 함께 피며, 항아리 모양의 통꽃인데 끝이 네 조각으로 갈라집니다. 열매는 10월에 둥글고 주황색 또는 붉은색의 장과(漿果)로 여물어 갑니다. 추위에 약해 주로 우리나라 남부 지역에서 자라며, 내건성이 약하나 대기오염에는 강한 편입니다. 사질토양에서 잘 자라고 뿌리의 껍질이 검은색이며 냄새가 좀 특이합니다.

감나무는 한자로 시수(柿樹)라고 부르며, 일곱 가지 좋은 점이 있다 하여 선인들은 칠절(七絶)을 겸했다고 했습니다. 수명이 길고, 잎이 풍성해 그늘이 짙으며, 새가 둥지를 틀지 않고, 벌레가 생기지 않으며, 단풍이 아름답고, 열매가 맛이 있으며, 낙엽이 훌륭한 거름이 된다는 것입니다.

또 5상(常)이라 하여 감나무가 문(文)·무(武)·충(忠)·절(節)·효(孝)의 다섯 가지를 갖추었는데, 잎이 넓어 글씨 연습을 하기에 좋으므로 문(文)이 있고, 나무가 단단하여 화살촉 재료가 되므로 무(武)가 있고, 열매의 겉과 속이 똑같이 붉어 표리가 같으므로 충(忠)이 있고, 서리 내리는 늦가을까지 열매가 가지에 달려 있으므로 절(節)이 있으며, 치아가 없는 노인도 홍시를 먹을 수 있어서 효(孝)가 있다는 것입니다.

우리나라에서 서원을 창시한 주세붕(周世鵬, 1495~1554)은 어릴 때부터 효성이 지극해서 그의 아버지가 홍시를 좋아한 까닭에 죽을 때까지 차마 홍시를 먹지 못했다고 합니다. 후대에 박인로(1561~1642)가 이덕형으로부터 감을 대접받고 지었다는 '반중 조홍감이'[75]로 시작하는 시조도 효도에 관한 내용입니다.

이외에도 감나무는 계절마다 부위마다 독특한 색을 띠므로 오색(五色)

75 반중 조홍감이 고와도 보이나다 / 유자 아니라도 품엄즉도 하다마는 / 품어가 반길 이 없을새 글로 설워하노라

오가타 고린(尾形 光琳, 1658~1716), <화훼도 병풍>, 일본 에도 시대

의 나무라고도 부릅니다. 줄기는 검은색, 잎은 푸른색, 꽃은 노란색, 열매는 붉은색, 곶감은 하얀색을 띤다는 것입니다. 그리고 이 세상에는 수많은 나무가 존재하고 있지만, 나무의 과일 중에서 유일하게 겉과 속이 똑같이 붉은 것은 감밖에 없다고도 합니다.

감나무는 삼국 시대에 이미 중요한 과일나무로서 재배된 것으로 추측됩니다. 고려 시대에는 시인·묵객들이 시문으로 찬양하던 나무였습니다. 조율이시(棗栗梨柿, 대추·밤·배·감)는 우리의 가장 전통적인 과일들로 지금도 제사상에 올리지 않으면 안 되는 중요한 제수입니다. 그래서 예로부터 우리 선조들은 밭둑에 대추나무, 야산 자락에 밤나무, 마당가에 감나무, 숲속에 돌배나무를 반드시 심었습니다. 이 가운데 감이 포함된 것은 감의 유구한 재배 전통을 살펴보면 당연한 일이라 할 수 있습니다.

과일인 감을 먹거리로 삼았을 뿐 아니라 땡감으로는 무명에 물을 들였고, 감나무 자체는 재질이 좋아 목재로서의 가치를 인정받아 왔습니다. 감나무는 매우 단단한 활엽수로 가구나 세공품을 만들기에 좋아, 한국과 일본, 중국은 감나무로 전통 가구를 만들었습니다. 그중에서도 먹감나무[76]로 만든 장, 문갑 등은 유달리 귀한 대접을 받았습니다.

나무를 횡으로 자른 단면에서 중간 부분을 심재(心材)라 하고, 바깥쪽을 변재(邊材)라 하는데, 심재에 마치 먹을 뿌린 것처럼 검은 무늬를 지닌 감나무가 더러 있습니다. 모든 감나무가 이런 검고 아름다운 무늬를 가지고 있는 것이 아니니 그 흑백의 대비를 가진 희귀한 먹감나무는 귀한 대접을 받았던 것입니다. 이 먹감나무는 오동나무, 느티나무와 함께 우리나라 3대 우량목재입니다.

감나무 심고 키우기

감나무는 잎이 아름답고, 그늘이 시원하고, 가을의 단풍과 붉은 열매가 아름다워 정원의 조경수로도 좋으며, 요즈음에는 도시의 가로수로도 인기가 많습니다. 다만, 추위에 약하므로 연평균 기온이 11~15℃인 지역의 배수가 잘되고 토심이 깊은 비옥한 토양에서 잘 자랍니다. 양지바른 곳에 식재하며, 차고 건조한 바람과 늦서리로부터 보호해 줍니다. 감나무는 가지가 약해 잘 부러지므로 나무에 오를 때는 조심해야 합니다. 그리고 심근성나무로 뿌리가 깊게 뻗기 때문에 큰 나무는 이식이 다소

76 오래된 감나무는 심재가 까맣거나 고동색일 경우가 있고 바깥 부분은 하얗습니다. 이 중 흑백 색깔의 대비가 선명한 심재를 가진 것은 먹감나무라 하여 장식용 가구, 소품, 노리개 재료로 애용되었습니다. 감나무 중에 검은 색 속이 있는 것은 20%가 채 되지 않는다고 합니다.

어렵습니다. 대부분 가을에 묘목을 사서 심지만, 아주 추운 지방에서는 이른 봄에 묘목을 사서 심는 게 좋습니다.

꽃눈은 잎눈보다 크지만 커다란 잎눈도 있으므로 외관만으로 구별하기 어렵습니다. 꽃눈은 가지의 끝부분에 생기는 경우가 많으므로 모든 가지를 일률적으로 자르면 대부분의 꽃눈이 없어지게 되어 수확량이 크게 줍니다. 그러나 전년에 결실한 가지에는 거의 꽃눈이 생기지 않으므로 12월에서 2월 사이에 전정하여 수형을 정리하는 것이 좋으며, 가지의 활력을 위해 30㎝ 이상의 긴 가지는 잘라 줍니다.

감은 열매가 많이 열리는 해와 그렇지 않은 해가 교차하는 해거리 습성이 있습니다. 이를 방지하기 위해서는 매년 확실히 전정을 하는 게 중요하며, 맛있는 과실을 얻기 위해서는 잎 25장에 대해 과일 1개의 비율로 적과합니다.

번식 방법으로는 실생 번식과 접목이 있습니다. 종자에 의한 실생 번식은 유전적으로 감의 성질이 퇴화되어 주로 접목을 하며, 접목할 나무로는 실생묘와 고욤나무를 사용합니다. 감나무의 실생 번식은 접목용 대목을 생산하는 데 이용되며, 완숙한 감의 과육을 제거하고 바로 파종하거나, 비닐봉지에 넣어 냉장고에 보관하였다가, 2월 중순~하순에 파종합니다. 1~3월에 충실한 전년지를 접수로 사용하거나, 6~8월에 충실한 신초를 접수로 사용하여 절접 혹은 눈접을 붙이는데, 대목은 2~3년생 실생묘를 사용합니다.

조선 시대의 박세당은 『색경(穡經)』에서 "감나무는 어린 것이 있으면 옮겨 심고, 없으면 가지를 가져다가 고욤나무 뿌리에 접붙이기를 한다. 그 방법은 배나무를 접붙이는 방법과 같다."고 설명하고 있습니다.

감은 고향의 향수를 불러일으키는 오랜 과실로 생과로서 이용되기도 하며 감식초, 감술, 감고추장 등으로 활용됩니다. 또 감잎은 차로도 개발되어 일반인에게 애용되고 있습니다. 감에 떫은맛이 나는 것은 탄닌이라는 성분 때문인데, 감에 아세트알데히드가 생성되면 탄닌과 결합하여 떫은맛이 없어집니다. 곶감은 이런 성질을 이용하여 만든 것입니다. 곶감 표면의 흰 가루는 과당과 포도당입니다. 감이 잘 익어서 말랑말랑해진 홍시는 진해·지갈제로 쓰고 만성기관지염에 효과가 좋으며, 주독을 푸는 힘이 있어 숙취에도 좋습니다. 또, 한방에서는 감나무 열매꼭지를 딸꾹질·동상·중풍·숙취·토혈의 치료제로 사용하기도 합니다.

임금님의
하사품이었던
귀한 귤

만져보면 한 개의 공 같은데
귀한 까닭은 멀리서 가져오기 어렵기 때문
몇 개를 그대에게 보내는 게 부끄럽긴 하지만
입안의 침 마를 적 있으리니 그때 들어 보시게나

해마다 궁전 연회에 참여하고 돌아올 때
임금님의 하사품에 가슴 벅찼네
이제부턴 그런 일도 얻기 어려우리라
지친 말처럼 쉬고 싶어 이미 퇴임 요청했으니

「누런 감귤을 이학사에게 보내면서」라는 제목의 시로 『동국이상국집』

후집 2권에 실려 있습니다.

옛날에는 귤이 매우 귀해서 일반 백성들은 구경하기조차 어려운 과일이었던 만큼, 임금도 귤을 신하나 관리에게 하사하는 것을 아껴 그 누구도 풍족하게 맛보기가 쉽지 않았습니다. 그래서 이규보도 궁정 연회에서 하사품으로 받아 온 귀한 귤 중 몇 개를 보내는 게 부끄럽다면서도 이마저도 앞으로는 퇴임해서 얻기 어려울 것이라 애석해하고 있습니다. 또 조선 초기의 강희안(1417~1464)도 『양화소록』에서 숙직을 하다가 임금으로부터 하사받은 귤 수십 개를 어버이께 드리고 그 씨를 두세 분(盆)에 심고, 가지가 돋아나 자라는 모습을 보며 흐뭇해할 정도로 귀하게 여겼습니다.

일반적으로 감귤류라 하면 감귤속(citrus), 금감속(fortunella), 탱자나무속(poncirus)에 포함되는 식물을 가리킵니다. 감귤속의 기본적인 종류는 인도의 히말라야 동부 지방을 중심으로 인도차이나반도, 중국 중남부 및 그 주변의 섬들에서 발생한 것으로 추정되고 있습니다. 재배종 중에는 시트론(citron), 문단(pummlo), 밀감(mandarin)이 기본적인 종류입니다. 밀감류는 중국에서 매우 다채로운 품종분화가 이루어졌으며, 국내에서 재배종의 대부분을 이루는 온주밀감도 그중 하나입니다. 이러한 밀감은 『일본서기』에 서기 70년 신라 초기에 우리나라로부터 일본에 전해졌다는 기록이 있는 것으로 보아 오래전부터 재배된 것으로 생각됩니다.

제주도에서 생산되는 밀감은 추위에 약해 우리나라에서는 제주도에서만 재배해 왔는데 근간에는 남해안 지방에서도 다소 재배되고 있습니다. 높이가 3~4m 정도 되는 늘푸른나무로 가지에 가시가 없고, 잎은 피침형이며 잎자루에 좁은 날개가 있는데 끝이 뾰족하고 다소 피혁질로 광택이 있습니다. 4~6월경에 가지 끝의 잎겨드랑이에서 백색의 작은 꽃이 피고 향기를 진하게 풍기며, 과실은 편평한 구형으로 11월에 등황색 또는 황적색으로 익습니다.

두 그루만 있어도 대학 학비를 벌다

귤은 지금은 사시사철 먹을 수 있는 흔한 과일입니다만, 1970년대 초만 하더라도 귤나무 두 그루만 있으면 대학 학비를 충당할 수 있어 '대학나무'라 불리기도 했습니다. 당시 제주도에서는 귤농사가 생계는 물론 자식을 대학에 보내 공부시킬 만큼 수익성이 좋았기 때문입니다.

귤은 제주도 외 일본 등 온대 지역에서라면 대부분 재배할 수 있는데, 그중에서도 중국 강남에서는 일찍부터 귤 재배를 시작했습니다. 중국에서 귤에 관한 기록은 『주례』외에 오경(五經) 중 하나인 『서경(書經)』에도 나오며, 특히 전국 시대 초나라의 굴원(B.C. 343~B.C. 278)은 『귤송(橘頌)』을 남겼습니다.

층층이 뻗은 가지와 날카로운 가시에
둥글둥글한 과일이여
파랗고 노란 것이 어지럽게 섞여
화려한 무늬를 이루는구나

중국에서 감귤류를 재배한 것은 대강 4천 년 이상의 역사를 지닌다고 하며, 전국 시대 무렵에는 장강 유역 등을 중심으로 몇몇 감귤 과수원이 있었던 모양입니다. 한나라 시대(B.C. 202~220) 이후에는 재배 기술이 발달하여 감귤류의 재배는 한층 성행했으며, 수천 그루의 감귤나무를 소유한 농장주도 있었다 합니다. 한나라 시대의 고분에서도 종종 감귤류의 종자가 발견되듯이, 감귤류를 일상생활에서 입에 댈 수 있었던 사람은 주로 왕후·귀족 등 상류 계급이었습니다. 특히 무제(武帝)는 베트남 북부에 위치한 교지(交趾)에 귤관(橘官)을 두어 그곳의 귤을 조공하도록 했다 하니 무제가 귤을 얼마나 좋아했는지 짐작이 갑니다.

『사기(史記)』「화식열전(貨殖列傳)」에 '귤나무 천 그루가 있으면 천호(千戶)의 봉토를 가진 제후와 같다'는 기록이 있고, 삼국 시대(三國時代) 오(吳)나라의 이형(李衡)이라는 이에 대한 이야기도 전해집니다. 그가 가족 몰래 10여 명의 사람을 다른 지방에 보내 천여 그루의 감귤나무를 심었습니다. 그리고 죽기 직전에 아들에게 "나에게 천 개의 목노(木奴)가 있으니 너는 한 해에 여러 필의 비단을 풍족히 쓸 수 있을 것이다."라는 유언을 남겼습니다. 아들이 부친의 말뜻을 알 수 없어 모친에게 물었고, 한참을 생각한 뒤에 그들은 천 그루 귤나무를 심으면 봉군가(封君家)라는 사마천(司馬遷, B.C. 145경~B.C. 86경)의 말을 생각해 낼 수 있었습니다. 후에 감귤나무가 자라자 과연 1년에 비단 몇 천 필을 살 수 있을 정도로 큰 부자가 되었다고 합니다.

귤나무를 우리나라에서 언제부터 재배한 것인지는 알 수가 없습니다. 다만 476년에 탐라국에서 백제에 진상했다는 기록이 있어 훨씬 이전부터 재배한 것으로 추정됩니다. 귤은 임금에게 올리는 귀한 진상품이었으며 특별한 일이 있을 때 임금이 신하에게 선물하는 하사품이었습니다. 이처럼 귀한 귤을 고려 시대에는 궁궐에 심기도 했습니다. 난대성 식물인 귤

〈탐라순력도(耽羅巡歷圖)〉 중 귤림풍악(橘林風樂)[77], 1702

을 개성에서 재배하기 위해서는 갖은 정성을 쏟아 관리하지 않으면 안 되었을 것입니다.

이규보보다 10여 년 선배인 학사(學士) 이인로(李仁老, 1152~1220)의 『파한집(破閑集)』 권 하(下)는 당시의 귤 재배 상황을 다음과 같이 전하고 있습니다.

77 제주읍성 안에는 동·서·남·북·중의 5개 과원(果園)과 별과원(別果園)의 6개 과원이 있었는데, 이 그림은 북과원(北果園) 으로 추정됩니다. 과원 가운데에 풍악을 즐기는 모습이 상세히 보이며, 과원 둘레에 대나무가 방풍림(防風林)으로 심어져 있습니다. 하단에는 임오년(1702년) 삼읍의 감귤 결실수를 표기하여 귤 종류와 개수를 상세하게 적어 두었습니다.

"침전에서 나와 어화원(御花園)에 이르면 귤나무가 있어 높이가 한 길이나 되고 열매가 주렁주렁 매달린 것을 볼 수 있다. 담당 관리에게 물으니 남주 사람이 공물로 바쳐 온 것인데 아침마다 소금물로써 그 뿌리를 적셔 주기 때문에 이처럼 무성하다고 하였다."

귤나무 심고 키우기

귤나무는 우리나라에서는 재배 지역이 좁은 나무로, 소금기가 있는 바닷바람에 잘 견디지만 되도록 바람이 불지 않는 곳에 심어야 합니다. 늘푸른작은나무로 키가 5m 정도까지 자랍니다. 줄기는 가지가 많으며, 나무껍질은 갈색으로 잘게 갈라집니다. 잎은 어긋나기로 달리고 달걀 모양이며, 가장자리에 둔한 톱니가 있습니다. 꽃은 한 나무에 암꽃과 수꽃이 따로 달리고, 여름의 초입에 들면 흰빛으로 피며 짙은 향기가 있습니다.

따뜻한 기후로 햇볕이 잘 들고 물 빠짐이 좋은 토양을 좋아합니다. 초여름에 꽃을 피워 가을~겨울에 열매가 되는 것이 많습니다. 기본적으로는 강건해서 방임해도 열매가 잘 열립니다. 감귤류는 해거리 습성이 있고 큰 나무로 자라기 쉬우므로 적과와 전정이 특히 중요합니다. 월동 시에는 기온에 주의해야 합니다. 최저기온이 영하 5℃를 하회하는 지역에서는 노지에 심은 나무는 한냉사를 둘러 주고, 분에 심은 것은 햇볕이 잘 드는 실내로 옮겨 줍니다. 전정은 2월 하순~4월 상순에 하는데, 꽃눈은 가지 끝에 붙기 쉬우므로 모든 가지의 끝을 잘라 내면 대부분의 꽃눈이 없어져 다음 해 수확량이 격감합니다. 따라서 전정 시에는 25㎝ 이상의 긴 가지를 우선적으로 잘라 주고 짧은 가지는 되도록 남겨 주어 봄가지

베르트 모리조, 〈오렌지 따는 사람〉, 1889

를 확보해야 합니다.

묘목은 3월경 이른 봄에 심고, 꺾꽂이로 번식할 수 있는데 종자 번식도 가능합니다. 접목은 휴면지 접목과 신초 접목이 있습니다. 1~4월이 휴면지 접목의 적기이며, 충실한 전년지를 접수로 사용하여 절접을 합니다. 대목으로는 탱자나무 2~3년생 실생묘를 사용하며, 시판되는 유자나무 대목을 사용해도 좋습니다. 6~8월에 충실한 신초를 접수로 사용하여 신초 접목을 하는데, 이때에는 2~3년생 탱자나무 실생묘를 대목으로 사용합니다. 귤나무와 탱자나무는 서로 비슷하지만 가시가 있는 것은 탱자나무, 가시가 없는 것이 귤나무입니다. 귤이 중국 회남(淮南)을 지나면 기후와 토양의 변화로 탱자가 된다고 합니다.

귤은 비타민 C와 구연산이 풍부해 감기 예방과 피로 회복에 좋고, 과육을 싸고 있는 흰 부분에는 식이 섬유가 많습니다. 귤을 고를 때는 껍질의 오렌지색이 진하고 선명하며, 꼭지가 작고 껍질과 과육 사이에 빈틈이 없는 게 좋습니다. 귤은 하나씩 키친타월이나 신문지로 싸서 꼭지를 아래로 두면 수주~한 달 정도 보관이 가능합니다. 귤을 상자로 구입한 경우에는 전부를 밖으로 꺼내 바람을 쐬어 줍니다. 상자에 쌓을 때는 덮개를 열어 두면 좋습니다.

감귤은 늦가을부터 생식용으로 많이 이용되지만 과즙음료를 비롯하여 잼, 식초, 술, 요구르트 등 가공식품의 원료로도 많이 이용됩니다. 펙틴 물질이 많은 감귤의 껍질을 가축의 사료로도 활용하고 있습니다. 최근에는 감귤의 기능성 성분을 이용하여 각종 의약품, 다이어트 식품 및 한약재로 개발하고 있기도 합니다. 밀감의 껍질을 벗겨 말린 것을 진피(陳皮)라 하고 한방에서는 건위·진해·해독제로 씁니다.

기원전
4천 년 전부터
재배한 능금

서리 내리길 기다리지 않고 따 왔으니
껍질이 굳고 살은 연해지지 않았다
나는 신 과일 좋아하기 때문에
힘써 먹을 뿐 그만두질 못하지만
토해 내고 싶어도 토해 낼 수 없는 게
가시가 목구멍에 걸린 것 같네
어째서 늙은 사람의 혀가
반대로 아이들이 찾는 것으로 떨어져 버렸는가
이것 역시 옛 서울의 물건인지라
다투어 먼저 찾는 사람이 얼마나 될까
어느 누가 참아 가며 그것이 익기를 헤아려

우두커니 서리 짙은 가을을 기다리겠나

능금은 배, 감, 복숭아, 자두와 함께 우리의 주요한 옛 과일이었습니다. 중국의 기록에는 1세기경에 임금(林檎)이라 불리는 능금을 재배한 것으로 나와 있습니다. 우리나라에는 삼국 시대쯤 들어온 것으로 추정됩니다. 송나라의 사신인 서긍이 지은 『고려도경(高麗圖經, 1123)』에는 고려에 과실인 금(檎)이 있었다고 나옵니다. 조그마한 열매가 많이 달리고, 새가 그 숲에 모여들기 때문에 임금이라 불렀다고 합니다.

『동국이상국집』의 전집 13권에는 "임금은 구슬같이 주렁주렁 달렸는데 / 그 맛이 시고도 떫구나"라 하여 구체적인 생김새와 맛까지 짐작케 합니다. 그렇다면 능금과 같은 과일로 흔히 알고 있는 사과(沙果)는 무엇일까요? 최세진의 『훈몽자회(訓蒙字會, 1527)』에 "금(檎)은 능금 금으로 읽고 속칭 사과라고 한다."라는 기록이 남아 있는 것으로 보아 500년 전부터 뒤섞여 쓰인 것 같습니다.

우리나라에서 능금이란 단어가 사용되기 시작한 시기는 조선 초기인 듯하며, 임금이란 어휘가 왕을 뜻하는 임금과 발음이 같아 능금으로 바꿔 부른 것으로 추정됩니다. 일본에서 사과를 가리키는 링고(リンゴ) 역시 한자는 임금(林檎)인 것으로 보아 우리의 능금과 같은 열매가 오래전부터 있었던 것으로 보입니다.

박세당이 쓴 『색경(穡經)』 상권의 '과일나무 가꾸기(種諸果法)'에는 "능금나무는 씨앗을 심지 않고, 묘목을 옮겨 심어야 한다. 묘목을 얻으려면 뽕나무를 옮겨 심는 것처럼 휘묻이를 하고, 옮겨 심어 가꾸는 방법은 복숭아나무나 오얏나무처럼 하면 된다. 능금나무는 뿌리가 깊게 박혀 있어 뿌리 움이 생기지 않으므로 천연적인 묘목을 얻기가 어렵다. 그래서 반드시 휘묻이를 해야 한다. 능금나무는 씨앗을 심어서 비록 살아나더라도 과일 맛은 좋지 않다. 능금나무는 정월이나 2월 사이에 도끼 등으로 여기저기 마구 때려 주면 열매가 많이 열린다."고 능금나무를 키우는 법에 대해 기술하고 있습니다. 또 '과일나무 접붙이기(接諸果)'에서는 입추 이후에는 능금나무를 접붙일 수 있고, 꽃과 나무를 접붙인 것은 옮겨 심을 때에 이음매 부분이 흙 밖으로 드러나게 해야 한다고 적고 있습니다.

능금과 사과는 달라

인류는 기원전 4000년 전부터 사과나무(*Malus pumila var.*)를 재배한 것으로 보이며 세계적으로 분포하고 있는 나무입니다. 발칸반도는 사과나무의 원산지로 알려진 지역으로 이곳에서 아시아로 퍼진 아시아품종과 터키 쪽에서 퍼진 서양품종으로 나누어집니다. 우리나라에서 사과를 본격적으로 재배하기 시작한 것은 18세기 무렵입니다. 그때만 해도 사과를 '능금'이라 불렀으며, 현재 인기 품종으로 알려진 국광과 홍옥은 1900년대에 일본에서 도입된 품종명입니다.

능금은 우리의 주요한 과일로서 명맥을 이어 왔으며, 개화기 초기만 해도 개성과 서울 자하문 밖에서 흔히 재배되고 있었으나 다른 과일에 밀려 지금은 없어져 버렸습니다. 능금과 사과는 매우 비슷하여 구분이 어려우나, 능금은 꽃받침의 밑부분이 혹처럼 두드러지고 열매의 기부가 부풀어 있는 반면, 사과는 꽃받침의 밑부분이 커지지 않고 열매의 아랫

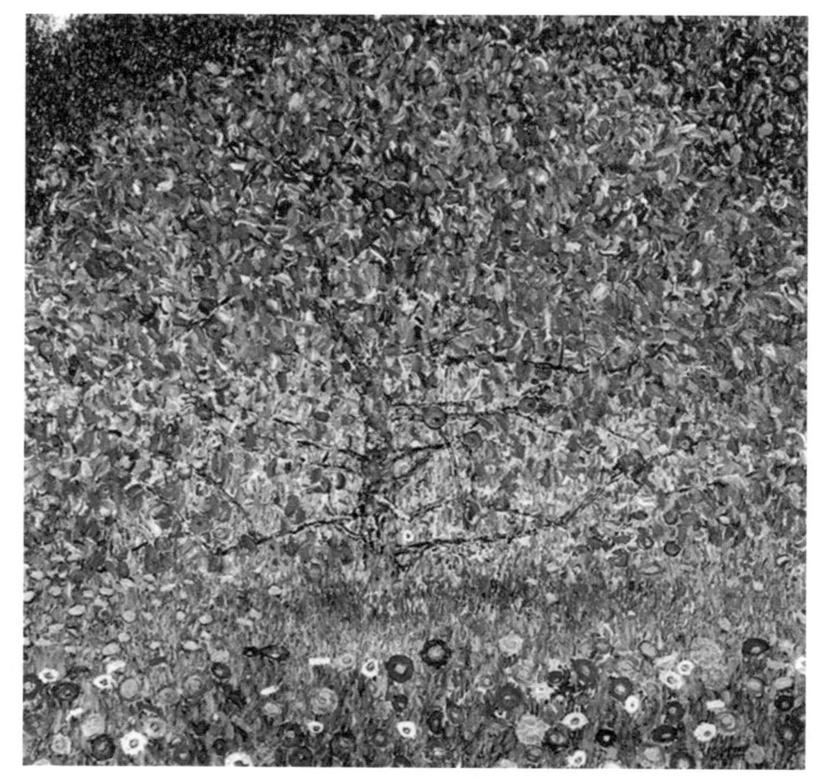

구스타프 클림트, <사과나무>, 1912

부분은 밋밋합니다. 또 능금은 사과에 비해 신맛이 강하고 물기가 많으며 크기도 작습니다.

사과나무 심고 키우기

사과나무는 옛날부터 재배되어 온 우리나라의 대표적인 과실수로 주로 과수원에 심습니다. 낙엽 활엽 교목으로 높이는 5~8m 정도이고, 잎은 어긋나며 가장자리에 톱니가 있고 뒷면에 털이 있습니다. 꽃은 4~5월에 가지 끝에 분홍색을 띤 흰색으로 4~7송이씩 모여 피고, 열매는 8~9월에 공모양의 이과[78]로 여뭅니다. 현재 재배되고 있는 품종은 주로 유럽과 서부 아시아에 분포된 원생종 중에서 개량된 것입니다. 최근에는 알프스오토메와 같은 원예 품종의 미니사과를 정원수로 많이 심고 있습니다.

사과나무는 겨울에는 10℃, 여름에는 26℃ 사이의 연평균 기온을 가진 지역에서 재배하기 좋습니다. 고온 지역보다는 다소 저온에 가까운 지역이 재배에 좋은 환경이 됩니다. 눈이 많이 내리는 지역의 경우 적설량이 많아지면 나뭇가지가 잘 부러지기 때문에 좋은 결실이 어렵습니다. 생육환경은 그늘보다 햇빛이 좋으며 토양은 적당히 비옥하고 다습하지만, 배수가 잘되는 토양이 좋습니다.

이식은 낙엽이 진 뒤부터 잎이 나기 전인 11~3월 중에 합니다. 수분수가 필요하므로 궁합이 맞는 품종의 묘목을 가까이에 심습니다. 인공 수분과 적과는 필수적입니다. 여유가 되면 봉지 씌우기와 벗기기로 외관이 좋은 과실을 수확할 수 있습니다.

어린 묘목을 심어 5~6년 정도는 전정을 하지 않고 주지를 만드는 데 중점을 두면서 키우고, 이후에 수형이 만들어지면 전정을 시작하며 전정시기는 2월입니다. 전정은 단과지가 많이 생기도록 합니다. 세력이 강한 도장지나 아래로 처진 가지 등 수형을 해치는 가지는 제거하며, 불필요

78 梨果, 꽃받침이 발달하여 두꺼운 과육을 만들고 속에 종자가 많이 들어 있는 열매로 배, 사과 등이 있습니다.

한 가지를 잘라서 햇빛이 나무의 내부까지 잘 비치도록 해 줍니다. 가지치기는 3월 이른 봄이 좋고, 대개 늙은 가지를 쳐 주는 방식으로 실시합니다. 사과나무는 3년차 가지에서 열매가 많이 열리므로 그보다 늙은 가지는 대부분 정리하는 것이 좋습니다.

사과나무는 종자 번식보다는 좋은 묘목으로 키우거나 접목으로 키우는 것이 좋습니다. 이 중 휴면지 접목은 1~3월에 충실한 전년지를 접수로 사용하여 절접을 붙입니다. 대목은 튼튼한 1~3년생 사과나무 실생묘를 사용하며, 대목의 수피와 목질부 사이를 쪼개서 대목과 접수의 형성층이 서로 맞도록 꽂은 후에, 접목용 광분해테이프를 감아 밀착시킵니다. 이후에 대목에서 나오는 눈은 수시로 제거해 줍니다. 신초 접목은 6~9월에 충실한 햇가지를 접수로 사용하며 눈접 또는 절접으로 접을 붙입니다.

사과에 들어 있는 탄닌과 사과 껍질에 함유되어 있는 펙틴이 위장 운동을 도와줍니다. 사과는 소화를 촉진하기 때문에 장(腸)질환이나 변비가 있는 사람이 먹으면 좋습니다. 또, 칼륨이 많아 체내에 남아 있는 과잉 나트륨을 밀어내기 때문에 고혈압 예방에도 좋은 것으로 알려져 있습니다. 사과를 고를 때는 꼭지가 꼿꼿하고 묵직한 것을 고릅니다. 사과의 밑바닥까지 빨갛게 물든 것은 완숙된 것입니다.

냉장 보존은 에틸렌 가스를 방출하지 않도록 비닐봉지에 넣어 밀폐합니다. 배꼽을 아래로 해서 냉장실에서 보존하며, 상온에서 보존할 때는 1개씩 키친타월로 싼 다음 신문지를 깐 골판지 상자에 넣어 냉암소에 보존합니다. 냉동 보존은 껍질과 씨를 제거하고 슬라이스한 사과를 냉동용 지퍼백에 겹치지 않게 넣어 냉동합니다. 사과는 당산비[79]가 잘 조화된 과실로서 주로 생식용으로 소비되며 잼, 주스, 술 등 각종 가공식품의 소재로도 많이 이용됩니다.

79 糖酸比, 감미비(甘味比)라고도 하며 단맛에 대한 신맛의 비율로 값이 높을수록 달고 맛있게 느껴집니다.

백 가지 과일 중
앵두가 먼저 익어

어쩌면 좋을까 저 앵두꽃
땅에 저리 많이 떨어지네
무정한 꾀꼬리 흔들어 떨어뜨리고
신의 있는 나비 오고 간다
가는 잎은 희미하게 꼭지를 감추고
많은 꽃이 흩어져 가지를 눌렀다
이 봄에 구경하지 못하면
떨어진 뒤에는 슬퍼해야 부질없다

앵두나무(*Prunus tomemtosa*)는 장미과에 속하며 중국이 원산지로 밭이나 정원에 심습니다. 낙엽 관목으로 높이 2~3m 정도이고, 밑에서 많은 가지가 갈라져서 둥근 수관을 이룹니다. 어린 가지에는 작고 가는 털이 빽빽하며, 수피는 흑갈색으로 껍질이 많이 일어납니다. 타원형의 잎이 어긋나고, 가장자리에 잔톱니가 있고, 가지가 많이 갈라집니다. 꽃은 4월에 잎보다 먼저 가지 끝에서 흰색 또는 연한 붉은색으로 피고, 열매는 6월에 작고 둥글게 붉은색으로 여뭅니다.

앵두는 대개 잎보다 꽃이 먼저 피며, 장미과인지라 꽃잎이 다섯 장입니다. 봄철에는 적지 않은 나무에서 꽃이 피지만 열매를 맛볼 수 있는 나무는 그리 많지 않습니다. 그런데 앵두는 봄철에 꽃이 피고 나서 한 달 남짓 지난 후 열매를 맛볼 수 있는 나무입니다. 그러니 앵두는 늦봄이나 초여름에 맛볼 수 있는 귀한 열매입니다.

예전에는 과일을 제철에나 먹을 수 있을 뿐 지금처럼 저장기술이 발달하지 않아 겨울에는 과일을 먹지 못했습니다. 그러다 보니 봄이 되면 만날 수 있는 첫 햇과일이 바로 앵두였습니다. 앵두는 지름이 1㎝ 정도 되는 동그란 열매로, 속에는 딱딱한 씨앗 하나를 품고 있습니다. 겉은 익을수록 반질반질 윤이 나는 매끄러운 빨간 껍질로 둘러싸여 있어 모양새부터 먹음직스럽습니다. 달콤새큼한 맛이 입안을 개운하게 해 줍니다. 그렇지만 씨앗이 너무 커서 실제로 먹을 수 있는 과육이 얼마 되지 않는 게 마냥 아쉽습니다.

옛 시절에는 사계절의 산물이나 지방의 특산물을 임금의 이름으로 신하들에게 하사했습니다. 과일 가운데 귤이 대표적인 하사품이었으며, 초여름 과일 중에서는 앵두가 있었습니다.

삼국 시대 유적지에서 발굴된 앵두씨

앵두는 동글동글한 것이 꼭 영락[80]의 구슬 같아서 처음에는 앵(桜)이라 부르다가 훗날 앵도(桜挑)가 됐다고도 하며, 꾀꼬리가 앵도를 즐겨 먹고 생김새가 복숭아와 비슷하다고 하여 앵도(鶯桃)라 하다가 앵도(櫻桃)가 되었다고도 합니다. 그러나 어떤 책[81]에는 조류 전문가의 말을 빌려 꾀꼬리는 앵도나무 근처에도 가지 않는다고 하면서, 꾀꼬리 '앵(鶯)'자와 앵도 '앵(櫻)'자의 발음이 같아서 빌려 쓴 것으로 보인다고 나와 있습니다.

우리나라에서는 부여 궁남지 발굴 현장에서 앵두씨가 발견돼 최소한 삼국 시대부터는 식용했을 것으로 추정합니다. 이후 최치원의 『계원필경집』에는 앵두를 보내 준 임금에게 올리는 감사의 글인 「앵두를 사례한 장문(謝櫻桃狀)」이 실려 있습니다.

"삼가 생각건대, 봄철 석 달을 내려오며 온갖 꽃들이 피기 시작하는데, 백 가지 과일 중에서는 앵두가 먼저 익어 홀로 뽐내고 있습니다. 선계(仙界)의 이슬이 맺힌 만큼 봉황의 양식에 합당하니, 은덕(恩德)의 바람을 입는다 해도 꾀꼬리가 물어서야 되겠습니까. 그럼에도 불구하고 마침내 높은 가지에서 따 내어, 아름다운 열매를 나누어 주게 하셨는데, 말석(末席)에 끼인 이 몸 역시 깊은 은혜를 입게 될 줄이야 어찌 생각했겠습니까."

앵두는 나무 열매 중 가장 먼저 익어 고려부터 조선 초까지 제사에 올릴 만큼 귀한 열매였습니다. "4월 보름에는 보리와 앵두를 드리고"라는 기록이 『고려사』에도 등장합니다. 더욱이 열매가 익는 단오에는 그해 처

---

80 瓔珞, 구슬을 꿰어서 만든 장신구를 말합니다.

81 이광만·소경자, 『한국의 조경수 – 2』, 나무와문화 연구소, 2017

히가시오 에이코(東尾 栄子)가 영친왕비에게 보낸 연하장연[82], 1930년대

음 익은 앵두를 태묘에 올리고, 백관에 나누어 준 풍속이 있었고, 백성들도 사당에 올린 후에야 먹을 수 있었습니다.

조선 시대 임금들도 앵두를 즐겼는데, 세종(재위 1418~1450)은 세자 문종이 따 온 앵두를 맛보고 세자의 효심에 크게 탄복했다는 이야기가 있습니다. 『국조보감』 제8권 문종조에 보면 문종은 항상 후원에다 앵두나무

82 히가시오 에이코(東尾 栄子)가 영친왕비에게 보낸 연하장으로 신년 인사의 내용을 담고 있습니다. 뒷면에 태양과 앵두가 그려져 있습니다.

를 심고 손수 가꾸어 잘 익으면 따다가 세종에게 올렸다는 기록이 나옵니다. 이에 세종이 반드시 맛을 보고서 말하기를, "외방에서 올리는 것이 어찌 세자가 직접 심은 것만 하겠는가." 하셨다 합니다. 이 이야기는 『조선왕조실록』 중 『문종실록』을 비롯해 여러 기록에 등장합니다.

문일평은 『화하만필』에서 "우리 민족의 대성(大聖)이신 세종께서 아주 앵두를 즐겨 하시므로 그 아드님 문종이 부왕께 공양하려고 손수 앵두를 심으사 온 궁원(宮苑)에 앵두나무뿐이었다 하니, 일국의 고귀한 세자로

페르디난드 호들러, 〈꽃 피는 앵두나무〉, 1905

아버님을 위해서 앵두를 심음은 이 얼마나 아름다운 일이며 아드님이 심은 앵두를 잡수시는 세종께서는 또 얼마나 기쁘셨겠는가." 하면서, 조선 말기의 대표적 개화사상가였던 박규수(1807~1877)의 시를 소개하고 있습니다.

앵도꽃이 만발하니 온 대궐이 환하고나
잎사잎사 가지가지 그 모두가 동궁(東宮)의 정
오월 단오 열매 맺게 각별합신 간수이라
금탄자를 매양 던져 꾀꼬리를 내렸으리

앵두나무 심고 키우기

조선 시대 이후, 민간에서는 집의 뒤뜰이나 담장가에 앵두나무를 즐겨 심었습니다. 이는 앵두나무가 맹아력도 강하고, 생장도 빠르며, 포기를 갈라 다른 곳에 심어도 쉽게 번식하는 등 기르기가 까다롭지 않았기 때문일 것입니다. 더욱이 앵두나무에는 열매가 엄청나게 많이 달립니다.

조선 후기의 실학자인 홍만선(1643~1715)이 지은 『산림경제』 제2권 종수(種樹)에는 "앵두나무는 늙으면 열매도 많이 맺지 않고 왕성하지 않으니 베어 옮겨 심는 것이 좋고, 앵두는 자주 이사 다니기를 좋아하므로 이스랏(移徙樂)이라 하고, 쌀뜨물을 자주 주면 열매가 커지고 일찍 익는다."고 나옵니다.

앵두나무는 매우 오래전부터 우리나라 각처의 마을 주변에서 과수로 심어 온 나무입니다. 봄에 새잎이 나오기 전에 또는 함께 마치 눈이 쌓인 듯 온 나무를 뒤덮으며 꽃이 핍니다. 연분홍색 또는 흰색 꽃이 피는데 아름답고 향기가 있습니다. 꽃은 매화보다 늦게 피지만 과일은 먼저 익습니다. 초여름에 붉은색으로 익어서 반짝이는 열매도 관상 가치가 있으며, 열매의 맛은 시큼하면서도 달콤한데 남다른 매력이 있습니다.

궁궐에서도 사랑받는 나무인 앵두나무는 키가 아담해 가정집 정원에도 잘 어울립니다. 2~3m 정도밖에 크지 않으므로 좁은 장소에서도 키울 수 있습니다. 2~3월에 좋은 묘목을 선별해 햇볕이 좋고 물 빠짐이 좋은 장소에 심습니다. 추위에 강하며 건조를 좋아하므로 정원에 심은 경우는 물을 줄 필요가 없습니다. 꽃눈은 충실한 햇가지에 생겨 다음 해 개화·결실합니다. 열매가 잘 달리는 편이지만 그렇지 않은 겨우에는 붓끝으로 인공 수분을 해 줍니다. 수분 후에 비를 맞지 않도록 하면 열매가 잘 달립니다. 열매가 지나치게 많이 달리면 생리 낙과로 자연스럽게 조정됩니다.

자두가 번창하니 즐거움이 끝이 없네

어쩌면 좋을까 저 오얏꽃
빈 뜰에 눈같이 피었다
성이 같은 나무라 가장 사랑해
지난해와 같은 꽃이 피었다
푸른 잎이 처음에 서로 비추더니
아름다운 자태 갑절이나 더하다
이 봄에 구경하지 못하면
즐거운 일이라 뉘에게 자랑하리

자두나무(*Prunus salicina*)는 장미과 앵두나무아과에 속하고 자도나무 혹은 오얏나무라고도 부릅니다. 전국에 걸쳐 인가 부근에 과일나무로 심고,

예로부터 복숭아·살구·밤·대추와 더불어 오과(五果) 중 하나로 귀한 과일로 여겨 왔습니다. 중국이 원산지로, 언제 우리나라에 들어왔는지 확실치 않지만 『삼국사기』의 백제 온조왕(재위 B.C. 18~28) 때 "궁남지에 오얏꽃이 피었다."는 기록으로 보아 역사가 꽤 오랜 나무임에는 틀림이 없는 것 같습니다.

자두나무는 10여m 정도 자라는 중간 키의 낙엽수입니다. 줄기는 밑에서 여러 가래로 갈라져서 우산 모양으로 자랍니다. 잎은 달걀 크기로 어긋나기로 달리고 끝이 차츰 좁아지며, 가장자리에 둔한 톱니가 있습니다. 꽃은 살구나 복사꽃과 마찬가지로 4월에서 5월 사이에 핍니다. 꽃잎은 다섯 장이고 흰색이며 잎보다 꽃이 먼저 핍니다. 그러나 연분홍인 살구꽃과는 달리 흰 꽃이 온 나무를 뒤덮습니다. 열매는 둥글고 밑 부분이 약간 들어간 모양으로 여름에 보랏빛으로 익습니다. 보랏빛이 강하고 복숭아를 닮았다는 뜻에서 자도(紫桃)라고 하였는데, 다시 자두로 변하여 오늘에 이릅니다.

자두나무 아래는 저절로 길이 생겨

『시경』에 주나라 시대에는 꽃나무로서 매화와 오얏을 으뜸으로 쳤다는 내용이 있을 만큼, 오얏과 관련된 격언도 많습니다. 대표적인 게 '도리불언 하자성혜(桃李不言 下自成蹊)'와 '과전불납리 이하부정관(瓜田不納履 李下不整冠)'입니다.

'도리불언 하자성혜'는 복사나무와 자두나무는 말하지 않아도 나무 밑에 저절로 길이 생긴다는 뜻입니다. 덕이 있는 사람은 스스로 말하지 않아도 사람들이 따름을 비유해 이르는 말로 사마천(B.C. 145?~B.C. 86?)이 지은 『사기』의 열전에 등장합니다.

'과전불납리 이하부정관'은 오이밭에서는 신발을 고쳐 신지 말고 자두나무 아래서는 모자를 바로잡지 말라는 말입니다. 자두가 탐스럽게 익어갈 때 길을 가던 사람이 자두나무 아래서 우연히 모자를 바로 고쳐 썼다 하더라도 남들에게는 몰래 자두를 따는 행동으로 비쳐질 수 있으므로 남에게 오해받을 행동을 하지 말라는 뜻입니다. 이를 줄여 '과전이하(瓜田李下)'라고도 하며, 군자의 행실을 노래한 『군자행(君子行)』[83]에 나옵니다. 또 여기에서 나와 엉뚱한 혐의를 받는 것을 '납리(納履)의 혐의(嫌疑)'라고 하는데, 『조선왕조실록』과 『승정원일기』에 수차례 등장합니다.

우리나라 성씨 중 이씨는 김씨 다음으로 많습니다. 이씨 성을 의미하는 李는 우리말로 오얏이라 부르는데, 오얏이 무엇인지 아는 사람은 그리 많지 않습니다. 이씨인 이규보는 앞에 소개한 시에서 "성이 같은 나무라 가장 사랑해"라고 했듯이, '오얏꽃(題李花)'이라는 시에서도 성씨에 대한 애정을 표현하고 있습니다.

너는 나와 같은 성인데
봄 맞이하자 좋은 꽃 피었구나
내 얼굴은 옛과 달라
귀밑에 서리만 가득하구나

83 '군자행'은 고악부(古樂賦) 중의 하나로, 위나라 조식(曹植, 192~232), 진(晉)나라 육기(陸機, 261~303) 등의 작품이 있습니다.

〈오얏꽃 무늬 백자〉[84], 국립고궁박물관 소장

신라 말 도선(道詵, 827~898)은 『도선비기(道詵秘記)』에서 "5백 년 뒤 오얏, 즉 이씨 성을 가진 왕조가 들어설 것"이라 예언했습니다. 그래서 예언이 적중하지 못하도록 고려 중엽 이후에는 한양에 자두나무를 심었다가 벌리사(伐李使)를 보내 베어 내 왕기(王氣)[85]를 다스렸습니다. 그럼에도 불구하고 이씨 성을 가진 이성계가 조선을 세워 도선의 예언이 실현되었습니다.

---

84 대형의 백자 접시(盤)로 청색 안료를 주로 사용하였습니다. 구연의 홈이 진 아래로 음각선을 짧게 구획하여 꽃잎을 표현하였습니다. 8엽의 화형마다 날개를 펼쳐 날고 있는 학을 각각 그렸으며 학의 머리 깃털은 적색 안료로 칠해 강조하였습니다. 안바닥에는 황실의 문장(文章)인 오얏꽃 무늬(李花文)를 큼직하게 넣었는데 각 꽃잎마다 세 개의 꽃술을 놓은 모양으로 정형화되어 있습니다. 꽃 아래에는 '樂善齋(낙선재)'가 쓰여 있는데, 낙선재는 1847년에 지어진 창덕궁의 건물입니다.

85 임금이 날 조짐 또는 임금이 될 조짐을 뜻합니다.

조선은 자두나무와 관련된 성씨이기에, 태조 2년에 세운 환왕(桓王, 이성계의 아버지 이자춘)의 정릉비(定陵碑)에 이런 내용이 나옵니다. "지금 우리 나라는 사공(司空, 전주 이씨의 시조 이한)으로부터 환왕에 이르기까지 적선을 오래했는데 … 신령한 오얏나무(李氏)는 근본이 튼튼하고 뿌리가 깊었습니다." (『태조실록』 2년 9월 18일 조)

이처럼 자두나무는 조선 왕조에서 매우 의미 있는 나무입니다. 종묘제례악인 『정대업(定大業)』에도 "삼천 개의 열매 맺은 오얏이 번창하네 오얏이 번창하니 즐거움이 끝이 없네"라는 가사가 등장합니다. 이는 오얏의 번창이 곧 이씨의 번창이라는 것입니다.

대한제국이 들어서면서 오얏꽃은 황실을 대표하는 문장(紋章)으로 사용됩니다. 오얏꽃은 화판의 끝이 둥글게 돌아가나 벚꽃의 그것은 하트형으로 날카롭게 패어 있습니다. 오얏꽃이 언제 황실의 문장이 되었는지 정확한 연대는 알 수 없으나 대한제국이 선포된 1897년 전후로 추정됩니다.[86] 오얏꽃은 독립문을 비롯해 창덕궁 인정전 용마루와 덕수궁 석조전에 문양이 박혀 있고, 대한제국 시기에 발행된 우표, 동전 등에도 등장합니다.

박세당이 지은 『색경(穡經)』에는 "오얏나무의 특성은 오래도록 사는데 오얏나무 한 그루는 30년이나 산다. 나무가 늙어서 비록 가지가 마르더라도 열매는 작게 되지 않는다."고 하였습니다.

86 이에 대해 "대한제국이 들어서면서 1897년 10월 12일 고종 황제에 의해 오얏꽃이 대한제국의 문장으로 사용되었다."는 주장도 있습니다. (이남숙, 『당신이 알고 싶은 식물의 모든 것』)

Camille Pissarro, <Flowering Plum Tree>, 1894

자두나무 심고 키우기

자두나무에는 전 세계적으로 30품종이 있습니다. 이 중 재배 가치가 인정되는 것은 아시아 동부에 분포하는 일본자두, 아시아 서부에서 유럽에 분포하는 유럽자두, 북아메리카에 분포하는 아메리카자두의 3종입니다. 우리나라에서 재배되고 있는 대부분은 일본자두 계통을 받은 것입니다.

오늘날 우리가 보는 자두는 대부분 1920년경부터 심기 시작한 개량종 자두로 달걀만 한 굵기에 진한 보라색이며 과육은 노랗습니다. 재래종 자두는 중국 양쯔강 유역이 원산지로 열매는 둥글거나 갸름하며, 방울토

마토보다 약간 큰 크기에 과육도 적습니다. 개량종자두에 밀려난 재래종 '오얏나무'는 지금은 거의 찾아보기 어렵습니다.

오래전부터 전국의 인가 부근에서 과수로 흔히 심고 있는 나무입니다. 자두나무는 매화, 살구나무, 앵두나무, 벚나무 등과 같이 잎보다 꽃이 먼저 핍니다. 자두나무도 장미과이기에 꽃잎이 다섯 개입니다. 여름이면 주렁주렁 달린 열매가 익습니다. 자두는 그 어떤 열매보다 많이 열립니다. 열매는 야생 상태에서는 아주 작지만 개량종은 큽니다. 맛은 신맛이 많습니다. 열매의 색에는 연두색에 가까운 노란색과 자주색이 있고 과육은 연한 녹색입니다.

내한성이 강하며, 햇볕이 잘 드는 장소에 심습니다. 습기가 있고 배수가 잘되는 적당히 비옥한 토양이라면, 어디에도 식재가 가능합니다. 냉랭하고 비가 적은 환경을 좋아합니다. 물 빠짐과 내건성이 약해서 관수에 특별히 유의해야 합니다. 특히 소금기에 약하므로 해안가에는 웬만해선 키우기 어렵습니다.

번식은 종자, 삽목, 접목으로 하는데 접목을 많이 합니다. 휴면지 접목과 햇가지접목이 가능하며, 그 방법은 살구나무의 접목을 참고하면 됩니다. 실생 번식과 삽목 번식도 가능하며, 방법은 매실나무 번식법에 준해서 합니다. 접목으로 번식할 때는 복숭아나무를 대목으로 사용하며, 삽목은 그해 여름에 나온 가지를 반쯤 꺾어 심으면 뿌리를 내릴 수 있지만 확률은 아주 낮습니다.

자두는 과실 중에서 수확 시기가 이른 과실로 6~7월이면 열매가 익습니다. 열매에는 아스파라긴산과 글루타민 성분이 있어 술을 마신 후 간을 보호하거나 소변을 잘 나오게 하고 갈증에 효과가 있습니다. 자두는 특유의 새콤한 맛으로 생식용으로도 많이 소비되고 있으며 주스 등으로 가공되기도 합니다. 또한 prune이라고 하여 유럽자두 중 건조에 적합한 품종들은 건조 가공되어 소비되고 있습니다.

세계에서
가장 많이 생산되는
과일인 포도

시렁의 포도 넝쿨 이리저리 뻗었는데

처마에 눌린 낮은 난간 녹음이 시원해

가을 이전에도 구슬 같은 이슬 볼 수 있고

대낮에도 반 점의 햇빛 보이지 않으며

뒤쪽 넝쿨이 앞쪽 넝쿨을 부축하고

새 줄기가 묵은 줄기를 따라 자라네

잇닿은 옥 같은 열매 함부로 따지 마소

달콤한 맛은 서리 흠뻑 맞아야 되네

포도나무(*Vitis vinifera* L.)의 원산지는 아시아 서부로, 포도란 말의 어원은 고대 페르시아어로 포도를 뜻하는 Budawa에서 나왔다고 합니다. 학명에서 Vitis는 라틴어로 '생명'을 뜻하는 vita에서 유래했습니다. 낙엽성 덩굴나무로 길이 6~8m 정도이고, 덩굴손이 잎과 마주 나고 다른 물체를 감으면서 자랍니다. 잎은 어긋나고 3~5갈래로 얇게 갈라지며, 뒷면에 흰색의 털이 있습니다. 꽃은 6월에 녹색으로 피고, 열매는 7~8월에 품종에 따라 검은색 · 붉은색 · 녹색 등 장과(漿果)로 여뭅니다.

포도를 처음 재배하기 시작한 곳은 카스피해 연안으로 추정됩니다. 기원전 3000년 무렵부터 주로 포도주의 원료로 재배되었으며, 현재는 세계에서 생산량이 가장 많은 과일로 전체 과일 생산량의 20%를 차지하고 있습니다.

중국에는 기원전 126년 장건(張騫)이 서역에서 가져왔으며, 우리나라에는 삼국 시대에 들어온 것으로 추정되지만, 기록에 처음 등장한 것은 바로 이규보의 『동국이상국집』입니다. 즉 신라 시대 기와에 사실적인 포도 넝쿨이 묘사된 것으로 보아서 포도나무에 대해 알고 있었던 듯하며, 고려 때는 이미 포도나무를 재배하여 시렁을 만들고 그 열매로 술을 빚었습니다. 고려청자와 조선백자에도 포도 무늬가 종종 등장하는데, 포도는 열매가 많이 열리기 때문에 석류처럼 다산과 풍요를 상징합니다. 지금 전해지는 가장 오래된 포도 그림으로는 조선 중기의 신사임당 등의 작품이 있습니다.

포도 관련 시로는 당나라 때 왕한(王翰, 687~726)이 지은 「양주사(涼州詞)」가 알려져 있습니다.

맛 좋은 포도주를 야광배[87]에 담아
마시려는데 비파 소리 말 위에서 재촉하네
취해 사막에 누웠다고 그대 비웃지 말라
고래로 전쟁에 나아가 몇 명이나 돌아왔는가

포도로 담근 맛 좋은 술을 야광배에 담아 마시려 하는데 출정을 재촉하는 비파 소리가 울려 퍼집니다. 술에 취해 사막에 누워 있는 병사에게 옆에서 비웃습니다. 이때 반전이 일어납니다. 예부터 전쟁터에 나갔다가 몇 사람이나 살아 돌아왔느냐고.

우리나라에서는 일제강점기에 쓰여진 이육사의 「청포도」가 유명합니다.

내 고장 칠월은
청포도가 익어 가는 시절
이 마을 전설이 주저리주저리 열리고
먼 데 하늘이 꿈꾸며 알알이 들어와 박혀
하늘 밑 푸른 바다가 가슴을 열고
흰 돛단배가 곱게 밀려서 오면
내가 바라는 손님은 고달픈 몸으로
청포(靑袍)를 입고 찾아온다고 했으니
내 그를 맞아 이 포도를 따 먹으면
두 손은 함뿍 적셔도 좋으련

---

87 夜光杯, 흰 옥으로 만든 술잔으로 밤에는 더 아름답게 빛납니다.

아이야, 우리 식탁엔 은쟁반에
하이얀 모시 수건을 마련해 두렴

포도나무 심고 키우기

포도나무는 하트 모양의 초록 잎, 송이 모양으로 피는 작은 꽃, 가지에 늘어지는 다양한 모양과 색의 과일 등 관상 가치가 높은 조경수입니다. 또 포도덩굴을 이용하여 퍼걸러(pergola), 아치, 펜스, 담장, 기둥 등에 올리면 경관을 좋게 할 뿐 아니라, 시원한 그늘을 즐길 수도 있으며, 과일도 맛이 아주 좋습니다.

포도나무는 추위에 강해 우리나라 전국에서 키울 수 있습니다. 토양은 배수가 잘되는 비옥토가 좋습니다. 햇볕은 좋아하지만 강풍은 싫어하는 수종입니다. 식재 적기는 낙엽 지고 난 후부터 12월 말까지이지만 추운 지방에서는 순이 나오기 전이 적기입니다. 너무 깊이 심지 않도록 주의하고 심은 후에는 물을 충분히 줍니다.

포도는 덩굴성 식물이어서 삽목, 접목, 취목(휘묻이·높이떼기) 등으로 쉽게 번식이 가능합니다. 삽목은 전년지를 이용한 숙지삽과 당년지를 이용한 녹지삽이 가능하며, 꽂을 때 아래쪽 자른 부위에 발근촉진제를 발라주면 뿌리가 잘 생깁니다. 접목은 뿌리에 생기는 병을 방지하기 위해 야생 포도나무를 대목으로 하여 좋은 품종의 접수를 접붙입니다. 휘묻이는 가지를 지면으로 유도해서 흙에 묻어 두면 묻힌 곳에서 뿌리가 내리는데, 이것을 떼어 내어 따로 심습니다. 높이 떼기는 가지의 중간을 환상박피하여 물이끼로 싸고 비닐로 감아서 마르지 않게 해 두면 약 2개월 후

이계호(李繼祜, 1574~?), <포도도>, 조선 중기

에 뿌리가 내리는데, 이것을 떼어 내어 옮겨 심습니다.

포도는 수많은 과수 가운데 작업량이 많은 과수의 하나로, 유인, 적심, 손주 줄기 제거, 전정으로 가지를 정리합니다. 특히 병충해를 방지할 수 있는 봉지 씌우기가 중요합니다.

한편, 조선 시대의 박세당은 『색경(穡經)』에서 포도 키우는 법에 대해 다음과 같이 기술하고 있습니다. "포도의 성질은 덩굴이 뻗으며 자라고 스스로 일어날 수 없다. 따라서 덕을 만들어 덩굴을 받쳐 주면 잎이 빽빽이 나서 그늘을 만들고 더위를 피할 수도 있다. 포도의 특성은 추위를 견디지 못한다. 쌀뜨물을 대어 주면 포도즙이 기막히게 좋아진다. 초겨울에 왕성하게 자란 포도 가지를 약 3자 길이로 자른 다음에 잘 썩은 거름 속에 움을 파고 묻는다. 봄이 되어 초목의 싹이 틀 즈음에 꺼내어 포도 싹이 나는지를 살펴보고 포도 덩굴 끝을 무(蘿蔔) 안에 옮겨 심는다. 이때

최석환(崔奭煥, 1808~?), 〈묵포도도 8폭 병풍〉, 조선 후기

에 2자는 땅속에 묻고 3~5치는 땅 밖에 남겨 둔다. 뿌리가 살아나서 싹이 자란 다음에는 가지를 끌어당겨 덕에 올린다."

포도는 열매 또한 맛이 빼어나고 쓰임새가 다양하여 사과, 감귤, 바나나와 함께 세계 4대 과일로 꼽힙니다. 향미가 좋고 과즙이 풍부하여, 생식용으로 많이 소비되며 잼·주스·통조림 등의 가공식품 재료로도 많이 사용됩니다. 특히 포도주 제조는 『성경』의 노아 시대부터 기록에 남아 있는 것으로 보아 인류의 탄생과 함께할 정도의 유구한 역사를 가지고 있습니다.

포도는 그대로 에너지원이 되는 포도당, 과당 등을 함유하고 있어 피로 회복 효과가 크고, 뇌의 활동을 활발하게 해 집중력도 높아집니다. 포도를 고를 때는 색이 진하고 표면이 팽팽한 것, 흰 분을 쓴 것이 좋고, 꼭지의 색이 녹색인 것을 고릅니다. 한 송이씩 키친타월로 싸서 냉장고에 보관합니다. 물에 씻으면 상하기 쉬우므로 먹기 직전에 세척합니다.

2~3주 정도로 장기 보관할 때는 포도알을 하나씩 송이에서 떼어 내 씻은 후 물기를 빼고 냉동용 지퍼백에 넣어 냉동합니다. 그대로 반해동해도 맛이 있으며, 껍질째로 스무디(smoothie)도 가능합니다.

고운 꽃 보고
열매도 먹는 가지

울긋불긋 고운 꽃은 떨어지면 그만이라
꽃 보고 열매 먹는 가지가 제일일세
이랑 가득 맺혀 있는 파랑 가지 붉은 가지
날것이든 익혀서든 여러모로 맛 좋으이

가지(*Solanum melongena* L.)는 가지과에 속하는 채소로, 학명에서 Solanum은 solamen(진정)에서 유래했고 melongena는 '오이가 열린다'는 뜻입니다. 원산지는 인도로 추정되며 중국의 『제민요술(齊民要術, 405~556)』에 재배에 대한 기록이 있습니다. 5세기에는 아라비아 전역에, 16세기에는 유럽에 전파되었습니다. 우리나라에서는 『해동역사(海東譯史, 1823)』에 신라 시대에 가지를 재배했다는 기록이 있습니다. 한여름 고온다습한 조건에서 잘 견디기 때문에 옛날부터 채소로서 중요한 위치를 차지해 왔습니다.

인도 북부의 고원 지대에는 가지의 원종으로 보이는 식물이 관목처럼 자란다는 보고가 있습니다. 열매는 작고 가시가 뾰족하며 맛은 쓰다고 합니다. 색은 하얗고 다 익으면 노랗게 되어 화초 가지와 비슷합니다. 그래서 가지를 처음 본 사람들이 '달걀이 자라는 나무'라 불렀고, 여기에서 에그플랜트(eggplant)란 이름이 생겨났습니다.

『조선왕조실록』의 「성종실록」에는 성종 10년(1479년) 6월, 바다를 표류해 지금의 오키나와인 루큐국(琉球國)까지 갔던 제주도 사람 김비의 등으로부터 그곳의 풍속과 사정을 듣고 기록한 내용이 나옵니다. "채소로는 마늘·가지·참외·토란·생강이 있는데, 가지의 줄기 높이가 3, 4척이나 되고 한 번 심으면 자손에게까지 전하는데 결실은 처음과 같고, 너무 늙으면 가운데를 찍어 버리나 또 움이 나서 열매를 맺었습니다." 즉, 우리나라에서는 추위에 약한 가지가 1년생으로 끝나지만, 열대 지방에서는 다년생으로 관목처럼 자란다는 것을 알 수 있습니다.

품종은 과피의 색깔에 따라 자색·백색·녹색, 숙기에 따라 조생종·중생종·만생종, 형상에 따라 대장형·장형·중장형·구형·난형, 그리고 용도에 따라 지가(漬茄)와 자가(煮茄)로 분류하며, 크기도 20~500g까지 다양합니다. 국가별로 가지에 대한 선호도가 다른데, 우리나라에서는 길이가 길고 흑자색인 가지를 선호합니다.

가지는 동서양 어디에서나 인기가 있는 만능 식재료로서 여름부터 가을이 제철입니다. 열대채소로 온도가 높을수록 잘 자라며, 자기 그림자도 싫어한다고 할 정도로 햇빛을 좋아하는 작물인만큼 그에 맞는 재배관리를 한다면 큰 어려움이 없고, 잘 관리하면 서리 내릴 때까지 수확이 가능합니다. 가지는 연작을 피하는 것이 좋으니 작년에 재배한 곳을 피하고, 밭은 깊이갈이를 해 줍니다. 토양 적응성이 높아 토질을 그리 가리지 않으나 배수력이 나쁜 밭에서는 생육이 좋지 않습니다. 열매의 착색은 햇빛에 민감하여 햇빛이 부족하면 착색 불량이 되므로 겹치는 잎을 따 주어 열매에 햇빛이 충분히 비치도록 합니다.

가지는 특별히 키우고 싶은 품종이 있으면 씨앗을 뿌려 키우지만 그렇지 않다면 시중에서 판매하는 모종을 구입하는 게 편리합니다. 생육 적정 온도는 밤에는 15~18℃, 낮에는 28~30℃에서 잘 자라며, 10℃ 이하에서는 생장이 눈에 띄게 나빠집니다. 열매채소류 중에서는 높은 온도를 좋아하는 편이므로 일찍 심지 않습니다. 따라서 모종을 심을 때에는 5월쯤에 하는 것이 좋습니다. 씨를 뿌릴 경우에는 시간이 많이 걸립니다.

발아에는 고온이 필요하므로 씨앗으로부터 키우는 경우에는 심기 70~80일 전에 파종상에 줄뿌림하고 23~28℃로 관리합니다. 본엽이 1장 나오면 비닐포트에 올리고 18~23℃의 약간 낮은 온도로 관리해 본엽 5매 정도가 되면 정식합니다. 모종을 심을 경우, 간단한 버팀목을 세워 주면 바람에 흔들리지 않기 때문에 뿌리가 잘 내립니다.

모종을 심을 때는 줄기가 굵고 색이 짙은 모종을 고르고, 내병성이 있는 접목 모종은 접붙인 곳이 매끄럽고 접지에서 튼튼한 잎이 나와 있는 것이 좋습니다. 가지가 자라면 주줄기와 옆눈 2개를 키우고 나머지 눈은 모두 제거합니다. 1번과는 키우지 않고 작을 때 따 주어 나무의 생장을 촉진합니다. 가지는 물로 만든다 할 정도로 물을 좋아합니다.

가지의 키는 60~90㎝이며 줄기와 잎자루가 길고 검은 자주색이며 잎은 짙은 녹색이고 회색털이 있습니다. 6~9월이 되면 마디와 마디 사이

신사임당, <초충도 가지>, 조선 중기

에서 꽃줄기가 나와 보라색 꽃이 피며 꽃잎은 다섯 내지 일곱 갈래로 갈라져 핍니다. 열매가 적게 달리거나 포기가 약해진 경우에는 각 줄기의 잎을 2~3매 남기고 줄기를 잘라 줍니다. 이렇게 함으로써 새로운 줄기가 뻗어 맛있는 가을 가지를 수확할 수 있습니다.

수확 시기는 개화로부터 15~20일 정도에 시작해서 가을까지 즐길 수 있습니다. 수확은 중장가지는 10㎝, 장가지는 30㎝일 때 하며, 수확이 늦어지면 맛도 없어지고 수세도 약해지므로 조금 작다 싶을 때 가위로 잘라 수확합니다. 수확 시에 줄기를 열매의 바로 밑에서 잘라 주면 곁눈이 나와 또 수확할 수 있으므로 이를 반복하면 무성하지 않고 나무가 약해지지 않습니다.

채소는 밤에 수분을 축적해서 아침에는 수분이 많고 저녁은 수분이 적어 조금 단단해지므로 가지는 아침에 수확합니다. 가을 가지는 여름에 비해 수분은 적지만 밤의 기온이 내려가면 열매로 양분이 모여 맛은 좋아집니다.

조선 시대 박세당이 쓴 『색경(穡經)』에는 가지를 키우는 법에 대해 다음과 같이 설명하고 있습니다. "가지의 성질은 물기와 잘 어울리니 항상 물기가 촉촉하게 배도록 한다. 4~5개의 잎이 나게 되면 비 올 때에 진흙을 붙여 옮겨 심는다. 만약 날이 가물어 비가 내리지 않으면 물을 대어 촉촉이 스며들도록 하고 밤에 심는다. 햇볕이 쪼일 때에는 거적으로 덮어 주고 해를 보이지 않게 한다."

또, 유중림(1705~1771)은 『증보산림경제』에서 가지의 뿌리 아래 검은 벌레가 있으면 줄기와 잎을 다 잘라먹으므로 아침저녁으로 잡아내야 하고, 꽃이 필 때는 무성한 잎을 따 버리고 재를 뿌리 둘레에 뿌려 주면 결실이 많아진다고 하였습니다.

굽고 삶고 볶고 절이고 말려 먹는 만능 채소

가지는 굽거나, 찌거나, 삶거나, 볶거나, 절이고 말리는 등 다양하게 조리할 수 있는 만능 채소입니다. 껍질의 보라색 색소는 나스닌(nasnin)이라는 폴리페놀의 일종으로 항산화 작용이 있어 생활습관병 예방에 도움이 되는데, 기름으로 조리하면 흡수되기 쉽습니다.

가지를 고를 때는 꼭지가 거무스름하고 가시가 서 있는 것, 표면은 질은 보라색으로 윤기가 있으며 묵직한 것이 좋고, 표면에 주름이 있거나 상처가 있는 것은 피합니다. 며칠 정도 냉장 보관할 때는 저온장해를 일으키지 않도록 하나씩 키친타월로 싸서 비닐봉지에 넣고 꼭지가 위로 가도록 해서 채소칸에 보관합니다. 한여름이 아니라면 신문지에 싸서 어둡고 시원한 곳에 보관합니다. 한 달 정도 보관하려면 먹기 좋은 크기로 잘라 기름에 볶은 후 키친타월 위에서 기름을 빼서 냉동용 지퍼백에 넣어 공기를 뺀 다음 밀폐해 냉동합니다.

삼국 시대부터 전해 내려온 무

절여 두면 여름에도 좋은 반찬이요
김장 담가 겨우내 먹을 수도 있구나
땅 밑에 자리 잡은 큼직한 뿌리여
드는 칼로 쪼개 보니 연한 배 같구나

무(*Raphanus sativus* L.)는 배추과에 속하는 한해살이 또는 두해살이 근채 식물입니다. 학명에서 Raphanus는 rapa(순무) 또는 그리스어 ra(빨리) phainomai(생기다)의 합성어이고, 종소명 sativus는 '재배하는' 이라는 뜻을 지니고 있습니다. 원산지는 지중해 연안에서 서부 아시아 및 남부 유럽이며 전 세계에 걸쳐 넓게 재배되고 있습니다.

무의 재배 역사는 채소 중에서도 오래되어 이집트에서는 4천 수백 년 전까지 거슬러 올라갑니다. 고대 이집트(B.C. 2800~B.C. 2300)에서 피라미드를 건설할 때 노동자에게 무, 양파, 마늘, 당근 등을 먹였다는 기록이 헤로도투스에 의해 남아 있습니다.

유럽으로의 전파는 이집트를 점령한 로마인들에 의하여 이루어졌으며, 중국에는 실크로드를 통해서 들어온 것으로 추측됩니다. 기원전 400년경에 편찬된 『이아(爾雅)』에 노파(盧芭)로 호칭한 기록이 있는데, 이는 그리스어 raphanus에서 유래한 것으로 그 후 나복(蘿蔔)으로도 불렸습니다.

학술원에서 발간한 『한국 주요 농작물의 기원, 발달 및 재배사』에는 "현재 우리나라에서 재배되고 있는 무의 도입 시기는 고전(古典)으로 추정하면 삼국 및 통일신라 시대인 것으로 간주되며 재배법과 함께 중국으로부터 전래되었을 것"이라 하고 있습니다.

무는 중국을 통해 들어온 재래종과 중국에서 일본을 거쳐 들어온 일본무 계통이 주종을 이루지만, 최근에는 서양의 다양한 샐러드용 무도 재배되고 있습니다. 재래종은 우리가 즐기는 깍두기나 김치용 무, 총각무(알타리무)와 서울봄무가 있으며, 일본무는 주로 단무지용으로 쓰입니다. 뿌리의 색은 흰색이 대부분이지만 빨강이나 보라색 등 여러 가지의 색깔을 띱니다. 모양과 크기도 긴 것과 둥근 것, 크거나 작은 것 등 다양합니다.

현재 우리나라 사람들이 가장 많이 먹는 채소는 단연 배추지만, 그다음으로 많이 먹는 채소는 양파와 바로 이 무입니다. 배추를 많이 먹는 이유는 물론 김치를 많이 먹기 때문이고, 배추 섭취량 중 김치 비중이 40%에 달합니다. 그러나 배추로 김치를 담가 먹기 시작한 것은 비교적 최근의 일이고, 과거에는 주로 무를 절여서 김치로 담가 먹었습니다. 겨울철에 무로 담그는 시원한 동치미를 김치의 원형으로 보기도 합니다.

우리나라에서 무는 삼국 시대부터 재배되기 시작해 고려 시대에는 중요한 채소로 취급되었습니다. 앞서 소개한 시는 이규보의 「가포육영(家圃六詠)」으로 오이·가지·파·아욱·박과 함께 무를 소개하고 있는데, 여름철엔 무장아찌로, 겨울철에는 시원한 동치미로 만들어 먹고 있었음을 알 수 있습니다.

우리나라에서 무는 주로 한해살이로 재배되고 있습니다. 뿌리는 희고 살이 많으며 원기둥 모양인데 이것을 무라고 합니다. 잎은 뿌리에서 뭉쳐 나오며 새의 깃처럼 겹잎으로 길게 나옵니다. 꽃의 키는 1m 정도가 되기도 하며 4~5월이 되면 흰색 또는 연한 보라색 꽃이 한 달가량 계속 피는데 이는 씨를 받기 위한 것이고 8월 하순경 뿌리는 것은 김장을 위한 것입니다.

무는 차고 서늘한 기후를 좋아하며 일반적으로 내서성은 약하지만 내한성이 있습니다. 배수가 잘되면서도 보수력이 있고, 토심이 깊은 곳에 심습니다. 토양에 대한 적응폭이 넓어서 아주 척박한 땅에서도 잘 자라지만, 덜 썩은 유기물, 돌 등이 있으면 뿌리가 변형되기 쉽습니다.

봄 파종이나 가을 파종이 재배하기 쉽습니다. 파종 시기에 적당한 품종을 선택하는 것이 성공의 방법입니다. 봄 파종을 할 때는 꽃눈이 늦게 피는 품종을 선택하는 것이 좋습니다.

무는 직파재배를 하는 것이 원칙이지만 시설 봄무는 저온 감응에 의한 추대를 방지해 주기 위해 육묘 이식재배를 합니다. 무는 파종 후 솎음 작업이 필요한데, 발아 후 생육 상태를 감안해 단계적으로 솎아 내고, 생육 초기에 충분한 엽면적을 확보하도록 관리합니다. 뿌리가 성장하면 푸른 부분이 땅 위로 얼굴을 내밉니다. 물 주기를 신경 써서 적당한 수분을 유지해야 품질이 좋은 무를 수확할 수 있습니다.

수확기가 되면 바깥쪽의 잎이 밑으로 처지므로 지상부의 머리 크기를 보고 판단하여 서둘러 수확합니다. 수확이 늦어지면 바람이 들기 쉽습니다. 잎 꼭지 단면에 바람 구멍이 있으면 바람이 든 것이므로 첫서리 전에 수확을 끝냅니다. 가을에 수확하는 품종을 초봄에 파종하면 추대할 가능성이 높아지며, 성장이 빠른 조생종은 조금 일찍 수확하는 것이 바람직합니다.

봄 무는 꽃대가 생기기 전에 제때 수확해야 하고, 가을무는 영하로 떨어지기 전에수확해서 얼지 않게 주의합니다. 무는 건조와 과습 등 스트레스를 받으면 매운맛이 증가하고, 좋은 환경에서 자라면 단맛이 증가합니다.

겨울에 무를 먹으면 의사나 약방이 필요 없어

조선 시대 박세당은『색경(穡經)』에서 무의 씨를 받는 방법에 대해 다음과 같이 기술했습니다.

"무를 보관하여 다음 해에 종자로 쓸 생각이면 깊은 움 속에다 종자무를 묻어 보관해야 하는데, 아늑하고 바람이 드나들어야 하고 풀 한 단을 덮어 두어 마르지 않게 해야 한다. 봄이 되어 싹이 뚫고 나오면, 가져다가 언덕이나 두둑에다 거름을 넣고 심는다. 날이 가물면 물을 대어 준다. 하지 지나서 씨앗을 받고 가을에 종자로 삼는다."

또 유중림은『증보산림경제』에서 무의 재배와 보존법 등에 대해 상세히 기록했습니다. "무는 듬성듬성 파종한다. 총총하게 파종하면 뿌리가 작으므로 솎아 낸다. 호미질을 많이 해 주는 것이 좋다. 파종한 후에 재거름으로 덮어 주고 가물면 자주 물을 준다. 음력 10월에 뿌리를 캐어 잎을 떼어 버리고 흙으로 만든 움 속에 넣어 두면 노란 싹이 자연히 생기는데 뜯어다가 나물을 만들어 먹으면 좋다. 만약 겨울을 지나려면 무 꼬랑지를 반 치 정도만 남기고 평평하게 잘라 버린다. 뿌리 위 줄기 난 부분을 껍질을 상하지 않게 하고, 또 뜨거운 쇠로 그 위를 지져서 움 속에 넣어 두면 봄이 되어도 싹이 나지 않고 무에 바람이 들지 않아서 마치 새로 캐낸 것과 같다. 2월에 움에 저장한 것 중 완전한 뿌리를 꺼내어 기름진 땅에 심으면 5~6월에 씨를 받을 수 있다."

무는 콩나물처럼 순을 내어 즐길 수 있습니다. 플라스틱 용기의 바닥에 구멍을 뚫고, 적옥토 혹은 버미큘라이트를 2~3㎝ 넣습니다. 씨를 촘촘히 뿌린 후 씨앗이 감춰질 정도로만 아주 살짝 흙을 덮고 씨앗이 흙에 밀착되게 꾹꾹 눌러 줍니다. 햇볕이 들지 않는 장소에 두고, 흙이 마르면 물을 줍니다. 싹이 트고 키가 10㎝ 정도로 자라면 햇볕에 두어 잎이 파랗게 물들 때까지 키웁니다. 무순은 씨앗을 뿌리고 열흘만 지나면 먹을 수 있습니다.

뿌리의 선도를 유지하기 위해 무를 수확한 뒤 바로 잎을 제거합니다. 잎을 그대로 붙여 두면 잎의 증산 작용으로 쉽게 시듭니다. 무를 땅에 묻어 보존하면 수분이 유지됩니다. 가을에 캔 무를 단기간 보존할 때는 무를 뉘어서 묻고, 봄까지 보존하려면 깊이 구멍을 파고 무를 거꾸로 묻습니다.

무를 시장이나 마트에서 고를 때는 잎의 녹색이 진하고 싱싱한 것, 잎이 잘렸을 때는 잘린 부분이 신선한 것을 고릅니다. 또 뿌리의 색이 희고 굵으며 단단하고 잔뿌리가 적은 것이 좋고 묵직한 게 신선하다는 표시입니다. 잎이 붙어 있는 무를 구입했다면 잎이 뿌리의 수분을 빼앗아 가므로 잘라 버리고 통째로 신문지나 랩으로 싸서 깊이가 있는 용기에 보관합니다.

잎은 소금물에 데치거나 소금에 버무린 다음 적은 분량으로 나눠 랩으로 싼 후 냉장실에 보관합니다. 한 달 정도 보존하려면 살짝 데치거나 갈아서 냉동용 지퍼백에 넣어 냉동합니다.

무의 제철은 11월~3월이며, 뿌리에 들어 있는 소화효소 아밀라제는 위장 운동을 조절하는 작용을 합니다. 잎사귀는 뿌리보다도 영양이 풍부하며 베타 카로틴이나 칼슘, 비타민 C 등을 함유하고 있습니다.

매운맛과 독특한 냄새 등은 황 성분을 함유한 유기물 때문입니다. 무는 겨울철에 아주 좋은 식품으로, 전해 오는 말로는 "10월의 무는 작은 인삼이다.", "겨울에는 무를 먹고 여름에는 생강을 먹으면 의사나 약방이 필요 없다."는 속설이 있을 정도입니다.

한 개의 무라도 부위에 따라 맛이 다르므로 구분해 씁니다. 잎에 가까운 부분은 강판에 가는 등 생식으로, 달고 부드러운 중간 부분은 끓여서, 매운맛이 강한 밑부분은 볶음 요리에 적합합니다. 무의 매운맛은 아랫부분이 윗부분보다 10배나 더 맵습니다. 또한 무의 잎도 영양가가 매우 많으므로 된장국이나 나물로 이용합니다.

무는 옛날부터 김치나 깍두기 재료에서 무말랭이나 단무지 같은 저장 음식까지 매우 다양하게 이용해 왔습니다. 무를 썰어 말려 무말랭이로 먹기도 하고 된장이나 고추장 속에 박아 장아찌를 만들기도 합니다. 뿌리인 무를 수확한 후 줄기를 모아서 시래기를 만드는데, 곧바로 먹을 것은 생줄기를 삶아 한 번에 먹을 만큼 포장해 냉동실에 넣어 둡니다. 나머지는 끈으로 엮어 그늘에 배달아 말립니다. 그리고 필요할 때마다 꺼내 삶아서 나물로 먹으면 겨울철에도 비타민 C를 보충할 수 있습니다.

임금께도 바친
봄 미나리

나는 한평생 빈한에 익숙하여

요즘은 채소마저 어려웠네

그대 편지 움막집을 빛나게 하고

그대 선물 구슬상보다 낫네

사랑하는 마음 자배[88]와 같으니 귀한 길 어렵지 않고

맛 좋기 생선보다 나으니 반찬으로도 썩 좋아

벤 줄기 이내 자라나리니

뒷날 다시 보낼 것 잊지 말게나

88 炙背, 햇볕에 등을 쬐는 것으로 곧 임금을 생각하는 성의에 비유한 말입니다.

옥처럼 귀여운 것 밥상에 가득하니

다시금 그 은혜 갚기 어려워라

흙 씻어라 막 솥에 담아 삶고

쌀로 밥 지어라 도시락에 가득히

순채의 가을 맛[89]*을 어찌 생각하랴*

국화로 지은 저녁밥[90]*보다 낫다오*

다시는 안읍의 대추[91]*가 필요 없어*

날마다 살찐 돼지고기 먹기보다 훨씬 나은 걸

미나리(*Oenanthe javanica*)는 미나리과에 속하는 인도차이나 반도 원산의 다년생 풀입니다. 습기가 있는 곳이나 도랑, 물가에서 자라며, 흔히 미나리꽝이라 부르는 논에서 키웁니다. 우리나라를 비롯하여 만주, 인도, 동남아시아 등지에 야생도 하고 재배도 합니다. 미나리의 다른 이름으로는 근채, 수채, 수영 등이 있습니다. 학명에서 Oenanthe는 그리스어의 oinos(술)와 Anthos(꽃)의 합성어로, 종소명인 javanica는 자바 지방에서 유래했다는 뜻입니다.

우리나라의 기록에 따르면 고려 시대 때부터 등장하는데, 원래 미나리는 물에서 자라는 나리라는 뜻입니다. 『훈몽자회(1527)』에서 처음 나온 미

89 동진(東晉) 때 오군(吳郡)의 장한(張翰)이 고향의 순채국과 농어회가 생각나서 "인생이란 가난하게 살아도 뜻에 맞는 것이 좋지, 어찌 벼슬을 하기 위해 고향을 떠나 수천 리 밖에 몸을 얽매일 필요가 있겠느냐." 하고는 고향으로 돌아갔다는 고사에서 나온 표현입니다.

90 『초사(楚辭)』 이소(離騷)에 "아침에는 목란(木蘭)에 떨어진 이슬을 마시고, 저녁에는 가을 국화의 떨어진 꽃잎으로 밥짓는다." 하였습니다.

91 『사기(史記)』 화식열전(貨殖列傳)에 "안읍에는 대추가 많이 난다." 하였고, 위 문제(魏文帝)가 군신(群臣)에게 내린 조서에는 "안읍의 대추 맛이 천하에 제일이다." 하였습니다.

나리가 지금까지 이어져 왔으며, 우리나라에는 야생종으로 돌미나리, 산미나리가 있습니다.

한자로 미나리 근(芹)자를 써서 근채(芹菜) 또는 수근(水芹)이라 하는 미나리는 요즘은 사시사철 먹을 수 있는 나물입니다. 그렇지만 예전에는 임금에게 바칠 정도로 귀한 나물이었음을 한시나 시조에서 볼 수 있습니다. 윗사람을 섬기는 사람을 보고 근성(芹誠)이 놀랍다고 하는데, 옛날 어느 충신이 일찍 나는 봄 미나리를 임금께 바친 데서 근성이라는 말이 유래됐다고 합니다.

조선 선조 때의 유희춘(柳希春, 1513~1577)이 전라 감사로 있을 때, 임금에게 미나리를 올리며 지은 노래인 「헌근가(獻芹歌)」가 전해지고 있는데 그 내용은 다음과 같습니다.

미나리 한 포기를 캐어서 씻으이다
다른 데가 아니라 우리 님께 바치오이다
맛이야 긴치 아니커니와 다시 씹어 보소서

미나리는 해동이 되면 싹이 돋는데, 볕바른 양지에서는 4월 20일경부터 뜯을 수 있습니다. 이른 봄의 미나리는 잡초가 자라기 전이라서 질척한 바닥에 깔리며 자랍니다. 칼로 밑동을 도려내면 상큼한 미나리 향이 코를 자극합니다.

유중림은 『증보산림경제』에서 미나리에 대해 다음과 같이 썼습니다. "집 가까운 더러운 못 속에 심는 것이 좋다. 또 물이 많은 곳을 가려 논을 만들어 심기도 한다. 성질이 차고 정신을 잘 길러 주며 힘을 돕고 약의 독을 없앤다. 술이나 음료 속에 넣으면 향이 좋다."

미나리는 습기가 많은 곳을 좋아하는 여러해살이 채소로, 기는 성질의 것부터 직립하는 성질의 것까지 있습니다. 땅속에 희고 굵은 포복경을 뻗으며 늘어납니다. 건조하지 않게 물 주기에 신경 쓰고, 겨울철 수확을 위해서는 서리나 추위를 막기 위한 보온 피복을 해 줍니다. 야생에서 채취한 것을 재배하여 특별히 품종으로 분화된 것이 없습니다. 익는 시기에 따라 조생종·중생종·만생종으로 구분합니다.

플라스틱 용기에 재배하는 경우에는 봄에 개울가에서 뿌리째 캐서 심거나 시장에서 판매하는 미나리의 뿌리를 잘라 심으면 됩니다. 재배의 적기가 있는 것이 아니라 심어 두고 수시로 이용합니다.

전통적으로 성숙한 줄기를 절단하여 번식시킵니다. 영양번식은 묘를 적당히 흩어 뿌린 후 물을 대 줍니다. 처음 4~5일은 물을 얕게 대 주어 온도를 올리고, 일단 활착하면 표면이 갈라지지 않을 정도로만 유지해 줍니다. 생장하면서 물을 대는 깊이를 조절하는데 초기에는 미나리 키의 2분의 1 정도, 서리가 내리는 시기에는 3분의 2, 겨울에는 끝 3㎝ 정도만 남기고 채워 줍니다. 약간의 그늘이 드리워지는 곳에 심어야 하는데, 햇볕이 강한 곳에서 키우면 줄기가 억세집니다. 겨울에 생산된 미나리가 맛과 향기 모두 좋습니다.

제철은 초봄부터 초여름으로 곧게 자라 있고 잎의 녹색이 진하며 싱싱한 것이 신선하며 떫은맛이 강하므로 살짝 데쳐서 사용하며 국이나 감칠맛 나는 양념으로 버무려 무침, 전골 등에 이용합니다.

미나리는 우리나라의 대표적인 전통 향신채소로, 해독 작용이 탁월하여 복어 요리에 이용되며, 미나리 녹즙은 건강식품으로 높이 평가받고 있습니다. 비타민, 무기질, 섬유질이 풍부한 대표적인 알칼리성 식품으로 혈액의 산성화를 막아 주고 중금속 정화 효능이 있습니다. 간의 활동에 좋아 피로 회복에도 좋습니다.

문 닫아걸고 먹는 가을 아욱

옛날 공의휴[92]는 뽑아 버렸고

동중서[93]는 삼 년 동안 바라도 안 봤지만

나처럼 일없이 한가로운 사람이야

아욱을 무성하게 기른들 어떠하리

아욱(*Malva verticillata* L.)은 국거리나 나물로 하는 채소로 가정에서 재배하는 두해살이풀입니다. 원산지는 중국이며 아시아와 유럽 남부 지역에서 오래전부터 약초로 재배하였습니다. 줄기는 곧게 서고 높이는 30~90㎝

92 公儀休. 중국 춘추 시대 노(魯) 나라의 관료로 본래 박사(博士)였는데, 뛰어난 재능과 학문으로 목공 때 재상이 되었습니다.

93 董仲舒(B.C. 179~B.C. 104), 중국 전한 때의 대학자로 한때는 학문에 열중하여 3년 동안이나 자기 집 밭을 들여다보지 않았다고 전해집니다.

입니다. 잎은 어긋 달리고 둥글며 5~7개의 손바닥 형태로 얕게 갈라집니다. 잎 가장자리에는 둔한 톱니가 있습니다. 이른 봄에서 가을까지 잎겨드랑이에서 짧은 꽃대가 나와 지름 1㎝ 정도의 백색 또는 연분홍의 작은 꽃이 밀집해서 핍니다. 꽃잎은 5개로 끝이 움푹하게 들어가 있습니다. 씨는 회백색으로 길이 2㎜, 너비 1.5㎜ 정도의 작은 알맹이입니다.

학명에서 Malva는 그리스어 malache(부드럽게 하다)에서 유래하였습니다. 중국에서는 해를 따라 움직인다고 하여 규일경(葵日傾)이라 부릅니다. 우리나라에는 통일신라 시대에 들어온 것으로 추정되고 있습니다. 이규보의 『동국이상국집』에 아욱이 오이와 가지, 무, 파, 박과 함께 『가포육영(家圃六詠)』이란 시에 등장합니다. 일본명인 아오이(アオイ)는 우리말 아욱에서 유래한 것입니다.

앞에 소개한 공의휴와 관련하여 '아욱을 뽑아 버리고 베틀을 내친다'는 뜻의 발규거직(拔葵去織)이란 고사가 있습니다. 그는 아내가 텃밭에 아욱을 심은 것을 알고는 모두 뽑아 버렸으며, 베틀에 앉아 옷감을 짜는 부인에게 "국록을 받아먹는 내가 스스로 아욱을 키우고 옷감을 짜 입는다면 채소를 재배하는 농민이나 옷감을 내다파는 직녀들은 어떻게 살아간다는 말이오." 하면서 베틀을 부숴 버렸다 합니다. 이후 발규거직은 녹봉을 받는 관리들이 백성들과 이익을 다투지 않는다는 청백리(淸白吏) 정신을 상징하는 말이 되었습니다.

또 공의휴는 생선을 좋아해, 누가 그에게 생선을 선물했지만 받지 않고 돌려보냈습니다. 그러고는 그 이유에 대해 다음과 같이 말했습니다. "바로 내가 생선을 좋아하기 때문에 받지 않은 것이다. 생선을 받고 재상자리에서 쫓겨나면 아무리 내가 좋아하는 생선일지라도 내 스스로 먹을 수 없을 것이다. 그러나 생선을 받지 않으면 재상 자리에서 쫓겨나지 않을 것이니 오래도록 생선을 먹을 수 있을 것이다.”

아욱의 줄기는 곧게 서며, 크게 자라서 밑동은 웬만한 지팡이보다 굵습니다. 또 곁가지도 많이 뻗고, 잎도 큼지막해 데쳐서 쌈을 싸 먹어도 좋습니다. 아욱의 꽃은 봄부터 가을까지 피지만 최성기는 6~7월입니다. 콩알보다 조금 큰 작은 꽃들이 잎겨드랑이마다 여러 송이 꽃이 하얗고 소박하게 핍니다. 아욱과 꽃은 독특한 모습입니다. 수술 여러 개가 암술대 둘레에 한 덩어리로 뭉쳐 있습니다. 아욱꽃은 작아서 그걸 보기 어렵지만, 아욱과로 꽃이 제법 큰 무궁화, 접시꽃, 닥풀의 꽃을 보면 잘 알 수 있습니다.

아욱은 키가 60~90㎝ 정도로 커서 밭 가장자리에 심습니다. 토양 적응성이 넓어 거의 토양을 가리지 않는 편이나 물 빠짐이 좋고 유기물이 풍부한 기름진 흙이 좋습니다. 발아력이 좋아 직파를 하며 연중 파종이 가능하나 과습에 약합니다. 적지에 한 번 심으면 씨가 떨어져 계속 올라옵니다.

아욱 심고 키우기

봄에 일찍 파종해서 5월부터 본격적인 성장을 보이고 7월까지 어린 잎과 부드러운 줄기를 수확합니다. 노지에서는 장마 때 많이 죽습니다. 여름이 지난 9월경에도 파종이 가능한데, 남부 지방은 늦게까지 수확이 가능하나 북부 지방은 미처 자라기 전에 추위가 와서 수확을 못하는 경우가 많습니다. 한여름 파종은 꽃대가 일찍 올라오므로 피하는 것이 좋습니다.

아욱은 아열대성 작물이므로 이를 감안해 수분이 많고, 기온이 높을 때 재배합니다. 봄 파종한 씨앗을 받아 갈무리하면 가을 파종용으로 쓸 수 있습니다. 이것을 좀 남겨 두었다가 이듬해 봄에 파종하면 연속 재배할 수 있습니다.

옛사람들도 아욱을 좋아해 즐겨 심었습니다. 유중림이 지은 『증보산림경제』에는 다음과 같이 아욱을 키우는 방법이 자세히 기술되어 있습니다.

"파종할 때가 되면 반드시 씨앗을 말려서 쓴다. 땅은 비옥할수록 좋아하므로 휴한지에 심는 것이 좋다. 척박하면 거름을 준다. 봄에 반드시 이랑을 만들어 심고 잎이 3개 나온 연후에 새벽과 저녁에 물을 준다. 10월 말에 땅이 얼려고 할 때 씨앗을 흩어 뿌리고 발로 밟아 주는 것이 좋다. 땅이 풀리면 곧 싹이 나므로 호미질을 자주 해 줄수록 좋다. 가을 아욱은 먹을 만하다. 이것은 5월에 심은 것을 그대로 남겨 두었다가 이때에 씨앗을 받은 것이다. 봄 아욱을 땅에 바짝 대고 잘라 낸다. 그 후에 뿌리에서 나오는 움은 부드럽고 연하며 가을 아욱보다도 맛이 아주 좋다. 8월 중순에 가을 아욱을 잘라 내면 새로 나오는 움은 살지고 부드럽게 자란다. 상강이 될 때까지 기다렸다가 수확하면 사람 무릎 높이만큼 자라는데 이때는 줄기나 잎이 다 맛이 있다. 해가 지나서 씨앗을 받는데 이것을 동규자(冬葵子)라 하며 약으로 쓰인다. 여름에 생긴 씨앗은 먹기 어렵다."

속담에 '가을 아욱국은 문 닫아걸고 먹는다'고 했습니다. 이웃과도 나누어 먹기 아까울 정도로 맛이 좋다는 이야기입니다. 부드러운 줄기와 연한 잎은 국거리로 하거나 데쳐서 나물로 먹습니다. 영양성분이 골고루 함유되어 있는데, 특히 칼슘이 많은 알칼리성 식품입니다. 아욱은 위장을 부드럽게 하고 변비를 예방해 줍니다. 그리고 서늘하고 찬 성질을 가지고 있어 체온을 내리는 데 좋은 식품입니다. 아욱의 씨를 말린 동규자는 차를 만들거나 이뇨제·해독제로 쓰이며, 산모의 젖 분비를 촉진할 때 이용하기도 합니다.

물 안 줘도
오이 넝쿨
잘도 뻗어나네

물 안 줘도 오이 넝쿨 잘도 뻗어나네
파란 잎 사이사이 노란 꽃이 피면서
발이라도 달린 듯 기어가는 넝쿨들에
큰 병 작은 병이 조롱조롱 달려 있네

손수 농원에 오이 심어 소평[94] 본받으니
연한 덩굴은 고랑에 가득한데 푸른 수염 길구나
너에게 높다랗게 시렁 놓아줄 테니
하늘 끝까지 뻗어 올라라

94 邵平은 진(秦)나라가 멸망하자 포의(布衣)의 몸으로 장안성 동쪽에서 오이를 재배했는데, 그 오이가 맛이 유명하여 '동릉과(東陵瓜)'라 불렸다고 합니다.

앞의 시는 『동국이상국집』 후집 4권에 수록된 「가포육영(家圃六詠)」에 나오며 단순히 오이가 자라나는 모습을 사실적으로 그린 것입니다. 이에 비해, 뒤에 소개한 「성동의 초당에서 오이 시렁을 손보며(城東草堂理瓜架)」는 전집 10권에 수록된 시로 이규보가 첫 벼슬인 전주목 사록(司祿)[95]에서 파면되어 불우를 삭이고 있던 34세 시기의 작품으로 파직된 자신의 염원이 배어 있습니다.

오이(*Cucumis sativus* L.)는 박과 오이속으로, 한해살이 덩굴식물입니다. 학명의 Cucumis는 고대 라틴어로 '오이'를 뜻하며, sativus는 '재배하는'이라는 의미입니다. 원산지는 인도 서북부와 네팔이며, 이 지역의 히말라야 산기슭에는 야생종 오이가 자생하고 있습니다.

줄기에는 덩굴손이 있어서 아무것이라도 감고 올라갑니다. 잎은 어긋나게 열리며 다섯 개로 얇게 갈라지고 갈라지는 끝이 뾰족뾰족하며 가장자리에는 톱니가 있습니다. 꽃은 노란색이며 꽃잎은 다섯 장이고 호박꽃처럼 크지 않고 암꽃은 밑부분에 이미 열매를 달고 나옵니다. 수꽃은 세 개의 수술만 있습니다.

과실은 원통형이 대부분이나 둥근 형이나 계란형인 것도 있습니다. 과실 표면에는 가시가 있으나 성숙하면 거의 없어집니다. 백가시 계통과 흑가시 계통으로 구별되며, 흑가시 계통의 과피는 익으면 황색 또는 자색으로 그물망이 나타납니다.

원산지에서 자생하던 오이는 ①원산지-지중해 연안-유럽-미국, ②원산지-중앙아시아-실크로드-중국, ③원산지-인도 연해안-중국

95 고려 시대에 목(牧)에서 속읍의 순찰과 감독을 맡아 하던 7품 벼슬을 뜻합니다.

남부–동남아시아 등의 세 경로로 전세계에 전파된 것으로 보입니다. 각 지역에 전파된 오이는 그 지역의 기후 풍토에 적응하여 서로 다른 생태형으로 분화되었습니다.

오이의 재배 역사는 최소한 3000년 이상으로 추정되며, 『본초강목』에 의하면 한나라의 사신 장건이 B.C. 126년에 서역에서 가져왔다고 하여 호과(胡瓜)라는 이름이 붙여졌지만, 후에 황과(黃瓜)로 바뀌었습니다. 우리나라의 도입 시기는 『고려사』에 의하면 통일신라 시대에 오이와 참외를 재배하였다는 기록이 있어 삼국 시대에 중국에서 도입된 것으로 보입니다. 우리나라에서는 오이·물외·호과·황과 등으로 불리기도 하지만 지금은 오이로 통일되어 있습니다.

오이는 박을 뜻하는 '과(瓜)'자가 붙는 채소의 하나로, 그 종류가 매우 다양합니다. 물외를 일컫는 호과(胡瓜), 동아로 불리는 동과(冬瓜), 참외를 가리키는 첨과(甛瓜), 호박을 뜻하는 남과(南瓜), 수박을 뜻하는 서과(西瓜), 수세미를 일컫는 사과(絲瓜), 조롱박을 가리키는 포과(匏瓜) 등입니다. 지금의 오이는 황과(黃瓜)라 부릅니다.

『고려사절요』 제1권에는 개국공신인 최응(崔凝, 898~932)의 이야기가 수록되어 있습니다. 그의 어머니가 임신했을 때 집에 있는 오이덩굴에 갑자기 참외(甛瓜)가 맺혔습니다. 이웃 사람이 이를 궁예(弓裔)에게 고하니, 궁예가 점을 쳐 남자아이가 태어나면 나라에 불리하니 기르지 말라고 해 부모가 숨겨 길렀다고 합니다. 최응은 오경(五經)에 통하고 문장에 능해 궁예의 신임을 받았습니다. 왕건(王建, 877~943)이 궁예의 관심법(觀心法)으로 위기에 처했을 때 화를 면하게 해 주었고, 나중에 고려 태조를 도운 개국공신 여섯 사람 중의 한 사람이 되었습니다.

정선, 〈과전청와(瓜田靑蛙)〉, 조선 후기, 간송미술관 소장

유중림이 쓴 『증보산림경제』는 오이를 재배하는 방법에 대해 다음과 같이 기술하고 있습니다.

"대개 오이덩굴은 그 마디를 흙으로 북돋아 주면 새로운 뿌리가 나와서 더욱 무성해진다. 대서(大暑) 때에 늦은 오이를 심어서 겨울 저장용으로 한다. 대개 봄부터 순서대로 심으면 차례차례 먹을 수 있다. 시렁을 만들고 마른나무로 가늘게 그물을 꼬아서 그 위에 펴 놓고 오이 덩굴을 위로 끌어 올리면, 결실이 된 뒤에 아래로 주렁주렁 매달린 것이 볼만하다."

오이 심고 키우기

오이 재배는 파종을 하거나 모종을 심습니다. 씨앗으로부터 키우는 경우 이식 30일 전에 비닐포트에 씨를 뿌리고 보온하면서 키우다가, 본엽이 3~4매가 되면 정식합니다. 모종은 서리가 끝난 뒤인 4월 말이나 5월 초순에 구해 심으면 수월합니다.

오이는 18~28℃의 온난한 기후를 좋아하고, 12℃ 이하에서는 생육이 정지됩니다. 온도와 습도에 민감하며, 특히 어린 모종일 때에는 밤에 18℃ 이상 되도록 합니다. 오이는 뿌리가 얕게 지표면에 퍼지는 천근성 작물로 가뭄과 장마에 취약합니다. 제때 물을 주고, 병원균 확산을 막으려면 비가 튀지 않게 멀칭을 해 주는 것이 좋습니다.

오이는 수박, 멜론과 같은 박과 식물로, 같은 과의 식물은 동일한 병충해의 피해를 입기 쉬우므로 매년 같은 장소에서 재배하는 이어짓기를 피하고 장소를 옮겨 가며 재배하는 돌려짓기를 합니다.

덩굴이 늘어지지 않도록 지주를 세우거나 끈으로 매달아 유인하고, 개화 후 7~10일 정도면 수확할 수 있습니다. 처음 달린 열매는 따 주어야 이후 수확이 많아집니다. 수확은 조금 일찍 시중에서 파는 것보다 약간 작을 때 합니다. 이렇게 하면 오이 포기의 수명이 길어져 오래 수확할 수 있습니다. 굽은 것 등 변형된 것은 회복되지 않으므로 작을 때 제거합니다.

곧바르고 맛이 있는 오이는 과실 씨앗의 생장이 순조롭다는 증거입니다. 그 좋고 나쁨은 암꽃에 나타납니다. 작은 오이의 표면에 돌기가 전체에 고르게 나 있고 특히 중간 부분에 많으면 곧게 자라고, 돌기가 열매의 끝에 치우쳐 있으면 굽거나 맛이 쓴 오이가 될 적신호입니다. 이때에는 인산 중심의 추비를 주어 수세의 회복을 도모합니다.

오이의 식품적 가치는 맛과 향기에 있습니다. 독특한 향과 씹히는 감촉으로 녹색의 미숙과 상태로 생식합니다. 오이는 칼륨을 많이 함유하고 있어 체내 노폐물의 배출을 돕습니다. 그리고 비타민 C의 함량이 높아 미용 효과가 크기 때문에 피부 마사지에 많이 이용되고 있습니다.

오이는 여름 작물로서 생식하거나, 각종 반찬과 김치, 오이지, 피클 등 저장 음식으로 다양하게 활용되는 채소입니다. 늙은 오이는 볶아서 먹으면 맛이 있습니다.

밭에서 나는 달걀,
토란

한 대의 토란도 잘 기르기 어려운데
그처럼 좋은 토란 그대 집에 있었구려
저자에 값 높인들 얼굴 어찌 붉어지랴
흙 떠다 북주기에 그 공력 적지 않네
청오[96] 새끼 오글오글 많이 와 앉은 듯
누른 달걀 얼룩얼룩 잡되게 생겼구나
보내온 귀한 나물 그대를 생각하며
나는 장차 옥솥에다 맛난 국 끓이리
열네 가지 이름 중에 이것이 몇 째던가

96 토란(芋)에 거성(車聲)·거자(鉅子)·방거(旁巨)·청오(靑烏) 등 네 가지가 있는데, 씨가 많습니다.

두세 가지 분별함도 정밀하기 어렵다네
죽게 된 이 늙은이 많이 알아 무엇하랴
부지런히 많이 먹어 배 속이나 편케 하세

토란(*Colocasia esculenta*)은 천남성과에 속하는 여러해살이 식물입니다. 원산지는 인도 동부에서 인도차이나 반도에 이르는 열대와 아열대 지방으로, 지금도 수마트라, 말레이, 스리랑카 등의 여러 섬에서는 야생 토란도 있고 재배되기도 합니다.

땅속의 뿌리줄기가 타원형의 덩이를 이루어 토란이 되며 주로 습기가 있는 곳에서 잘 자랍니다. 잎은 길이 1~1.5m이고, 잎새는 입술 모양이나 달걀꼴 또는 심장 모양인데, 길이 30~50㎝, 너비 25~30㎝나 됩니다. 오랜 세월을 거쳐 재배해 오는 동안 개화 습성이 없어져 가고 있으나 간혹 고온인 해의 가을에 꽃이 피기도 합니다.

학명에서 Colocasia는 아라비아어인 colon(먹거리)과 casein(장식)의 합성어입니다. 지하부는 먹고 꽃은 장식에 사용하는 데서 유래한 말입니다. 종소명인 esculenta는 '식용할 수 있다'는 뜻이며, 우리말 토란(土卵)은 '땅속의 계란'이라는 뜻입니다. 토란이란 이름 외에 땅에서 자라는 연꽃이나 잎의 모양이 수련과 닮았다고 하여 토련(土蓮)이라 부르기도 합니다. 또 토란 잎은 연 잎처럼 물방울이 잎에 스며들지 않고 구슬처럼 굴러가는 방수 효과가 있습니다. 영어로는 타로(Taro)라고 하는데, 인도네시아 자바섬의 명칭인 Tallas에서 유래된 것입니다. 중국에서는 기원전 기록에 등장하고 『제민요술(405~556)』에는 15개의 품종이 열거되어 있습니다. 우리나라에서는 이규보의 시에서 보듯 고려 시대에 여러 품종이 재배되고 식용으로 쓰였습니다.

유중림의 『증보산림경제』는 토란은 기름지고 검고 부드럽고 습한 땅에 심는 것이 좋고, 호미질은 이슬 내린 새벽이나 비가 온 후에 해 주는 것이 더 좋으며, 뿌리 옆이 비어 있게 하면 토란이 크고 씨알이 많아진다고 기술하고 있습니다.

토란은 열대 지방에서는 다년생이지만, 우리나라에서는 월동이 안 되어 일년생입니다. 뿌리는 깊이 1m, 사방 1m까지 뻗으며 자랍니다. 습기가 많은 땅에서 잘 잘라서 지대가 낮고 진흙 성분이 많은 그늘진 땅에 심습니다. 재배는 쉬운 편이고 병충해도 거의 없고 음지에서도 잘 자라서 밭의 다소 음습한 곳이나 담장 아래에 심기 좋은 작물입니다.

토란은 23~28℃의 고온에 습도가 높은 환경을 좋아합니다. 따라서 충분히 날씨가 따뜻해져야 재배가 가능합니다. 4월 중하순에서 5월 상순 사이에 씨토란의 눈이 위쪽을 보도록 심습니다. 발아하면 흙을 끌어올려 주고, 여름에는 짚 등으로 멀칭을 해 주는 게 좋습니다. 연작장해가 나타나기 쉽기 때문에 2~3년간 토란을 심지 않은 곳으로 합니다. 다른 뿌리채소와 달리 토란은 어미 토란을 감싸듯이 아들 토란이 달려 있고, 그 아들 토란 주변에 손자 토란이 달려 있는 특이한 형태로 자랍니다.

토란은 8℃ 이하의 저온이 되면 상하므로, 수확은 서리가 내리기 전에 맑은 날을 골라 수확합니다. 땅 위에서 바로 줄기를 자르고 삽 등으로 수확 시에는 토란에 상처가 나지 않도록 주의합니다. 토란을 1개씩 차례차례 파낸 뒤 흙이 묻은 채로 통풍이 잘되는 그늘에 말립니다. 수확한 토란은 양이 적으면 신문지로 싸서 박스에 넣어 실내에 보관하고, 양이 많고 봄까지 남기려면 밭의 한쪽에 깊이 50㎝ 이상의 웅덩이를 파고 어미 토

James Gay Sawkins, 〈Cleaning the kalo〉, 1852

란과 아들 토란을 분리하지 않은 채 거꾸로 묻어 저장합니다.

토란을 마트나 시장에서 고를 때는 흙이 묻어 있고 약간 축축하며, 줄무늬가 분명하고 크기가 균일한 것이 좋습니다. 토란은 흙이 묻은 채로 신문지로 싸서 통기성이 좋은 바구니 등에 넣어 냉암소에 보존합니다. 오래 보관하려면 껍질을 벗기고 둥글게 썰어 생것 그대로 냉동용 지퍼백에 넣어 냉동하거나, 살짝 데쳐 식힌 다음 냉동용 지퍼백에 넣어 밀봉합니다.

'밭에서 나는 달걀'이라는 이름처럼 토란은 영양분이 풍부하고 맛이 좋지만 손질이 까다로운 면이 있습니다. 토란을 손질할 때 피부가 가려울 경우 소금이나 베이킹 소다를 바르면 좋습니다. 동남아시아의 근채 농경 문화에서는 주식이 되어 왔으며, 어미 토란도 먹을 수 있고, 줄기는 말려서 나물 등을 만들어 먹을 수 있습니다.

토란은 독특한 점액질이 있으며 그 성분의 하나인 갈락탄은 혈압 저하, 동맥경화 예방, 혈중 콜레스테롤 감소에 효과적입니다. 감자류 중에서는 칼로리가 낮고, 여분의 염분을 배출하고 부종을 제거하는 칼륨도 풍부합니다. 토란의 끈적끈적한 성분인 뮤신에는 변비 해소 효과가 기대됩니다.

잎을 따서
피리처럼 불었던 파

가느다란 손이 오므록이 몰려선 듯

아이들 잎을 따서 피리처럼 불어 보네

술자리에 안주로만 좋은 것이 아니라

고깃국 끓일 때는 더없이 맛나도다

파(*Allium fistulosum*)는 수선화과의 부추아과의 여러해살이 식물입니다. 학명에서 fistulosum은 '관상(管狀)'이라는 뜻으로 잎의 모양이 관을 닮았다는 의미입니다. 원산지는 중국의 서부 지방으로 추정되고 있으며, 기원전부터 재배했고 일찍부터 품종의 생태적 분화가 이루어져 왔습니다. 우리나라에서는 통일신라 시대부터 재배한 것으로 추정하고 있습니다.

문헌상으로는 고려 인종 9년(1131년)에 음양회담소(陰陽會談所)에서 올린 상소문에 파가 처음 등장합니다. '내외사사(內外寺社)의 승도(僧徒)가 술을 팔고 파(蔥)를 팔며'라는 구절이 『고려사』에 나오는 것으로 보아 파가 술안주로 쓰였음을 짐작할 수 있습니다. 또, 앞에 소개한 이규보의 시에서도 술자리에는 안주로, 고깃국에도 파를 이용했음을 알 수 있습니다.

파의 비늘줄기는 그리 굵어지지 않고 수염뿌리가 밑에서 사방으로 퍼집니다. 잎과 꽃줄기는 속이 비어 있고 약간의 흰색을 띱니다. 초여름에 높이 70㎝ 정도의 꽃줄기 끝에 흰색의 많은 꽃이 둥글게 핍니다.

파는 내한성이 커서 중국 동북부나 시베리아 지방에서도 자라고, 더위나 건조에도 강해서 열대 지방에서도 재배되고 있습니다. 추운 지방에서는 봄에 씨앗을 뿌려 여름에 키워 가을부터 초겨울에 수확을 하고, 더운 지방에서는 가을에 파종해 겨울에 생육시키고 이듬해 봄에 수확하는데, 일반적으로 늦가을 또는 초봄에 파종하여 가을부터 겨울에 걸쳐 수확합니다.

파는 주요 조미 채소로서 우리가 주로 이용하는 줄기파인 대파 종류와 잎을 주로 먹는 잎파인 실파 종류로 크게 나뉘는데, 모양과 기르는 방법 등에 따라 편의상 대파, 실파, 쪽파 등으로 부릅니다. 파 종류는 12~23℃의 냉랭한 기후를 좋아합니다. 대체로 실파는 더위에 강하고, 대파는 추위에 강한 편입니다.

재배 방법도 비교적 간단하므로 쉽게 키울 수 있습니다. 배수가 잘되고 끈끈한 점질의 흙이 적당합니다. 너무 건조한 곳에서는 잘 자라지 않으므로, 배수가 잘되면서도 적당한 습기가 있는 땅을 고르도록 합니다. 고온과 저온에 잘 견디지만 토양의 다습에는 약하므로 밭에 고인 물이 없도록 하여 재배합니다. 파 종류는 비료가 많이 필요한 다비성 작물이기 때문에 밑거름을 충분히 주고, 또 한창 자랄 때는 웃거름도 충분히 주어야 합니다. 특히 대파는 통기성이 좋은 토양에서 좋은 품질이 나옵니다.

파는 씨를 뿌려 묘를 만들 수 있지만 때가 되면 모종을 판매하므로 구입하는 것이 간단합니다. 봄이나 가을에 파종하여 묘를 만들고 수확하기까지는 오랜 시간이 걸립니다. 봄에 파종하면 11월에 수확이 가능합니다. 육묘 일수는 90일, 수확 시기는 대파는 정식으로부터 2~3개월 걸리지만 한 번 심으면 오래 수확할 수 있고, 충분히 자라지 않아도 언제든 수확해 식용할 수 있습니다.

모종을 심을 때 뿌리가 보이지 않을 정도로 흙을 덮고 파가 자랄 때마다 북돋우기를 해 연백 부분을 길게 해 줍니다. 연백 부분이 충분히 길어지면 수확하는데, 파는 뿌리 부분이 통통하고 부드럽고 서리를 맞아 단맛이 증가한 때 필요한 만큼 수확해 나갑니다. 연작의 피해는 적지만 1~2년의 윤작이 좋고, 퇴비를 충분히 넣은 흙에서 잘 자랍니다. 영하 8℃ 이하의 저온이 오래 계속되면 동해를 입기 쉬우므로, 추운 지방에서는 모두 수확하여 따뜻한 곳에 저장합니다.

파도 제철이 있어

파를 고를 때는 끝부분의 녹색이 선명한 것을 고르는 것이 좋고 시들시들한 것은 피합니다. 흰 부분은 굵기가 고르고 탄력이 있는 것을 고릅니다. 뿌리에 흙이 묻어 있는 것은 신문지로 싸서 상자에 넣고 세워서 냉암소에 보관합니다. 대파는 잎 부분과 흰 부분으로 나누어서 건조하지 않도록 랩으로 싸서 세워서 보관합니다. 한 달 정도 보관하려면 잘게 썰기나 어슷(횡단)썰기 등 사용하기 쉽게 자른 후 작게 나눠 랩으로 싸서 냉동용 지퍼백에 넣어 냉동합니다. 냉동한 상태 그대로 볶음요리나 국물요리에 넣어 조리할 수 있습니다.

잎은 입새(초록색)와 잎집(흰 뿌리)으로 나뉘는데, 대파는 잎집을 주로 먹고 잎파는 잎새와 잎집을 모두 먹습니다.

파의 제철은 11월~2월로, 음식의 영양가를 높여 주고 맛을 좋게 하는 조미 채소로서 약리 작용도 있으며 영양 가치도 높이 평가됩니다. 파의 흰 부분은 담황색 채소, 녹색 잎은 녹황색 채소로 영양성분이 크게 다릅니다. 매운맛 성분인 황화 알릴은 동맥 경화 예방에 도움이 될 뿐만 아니라 비타민 B_1의 흡수를 높이는 효과도 있습니다. 파는 예로부터 감기에는 파라 할 정도로 몸의 보온 효과와 강한 살균 작용이 있어, 초기 감기에 먹는 약으로 이용되었는데, 잘게 다진 흰 파와 생강, 된장을 섞어 뜨거운 물을 부어 마시면 땀이 나면서 열을 내릴 수 있습니다. 특유의 향을 내는 성분인 황화 알릴은 썰어서 시간이 지나면 줄어드므로 향신료로 쓸 때는 먹기 직전에 조리하면 됩니다.

이규보 관련

김경수, 『李奎報 詩文學 研究』, 아세아문화사, 1986

김상훈·류희정, 겨레고전문학선집 5, 이규보 작품집 1, 『동명왕의 노래』, 보리, 2005

김상훈·류희정, 겨레고전문학선집 6, 이규보 작품집 2, 『조물주에게 묻노라』, 보리, 2005

김용선, 『생활인 이규보』, 일조각, 2013

김진영, 『李奎報文學研究』, 집문당, 1988

김진영·차충환 역주, 『백운거사 이규보 시집』, 민속원, 1997

김하라 편역, 『욕심을 잊으면 새들의 친구가 되네』, 돌베개, 2006

민족문화추진회 편, 『이규보시문선』, 솔출판사, 1997

朴性奎, 『李奎報研究』, 계명대학교출판부, 1982

손종섭, 『옛시정을 더듬어 上』, 김영사, 2011

이동철, 『白雲 李奎報 詩의 研究』, 국학자료원, 2015

인천광역시 역사자료관, 『역주 강도고금시선(전집)』, 2010

전형대, 『이규보의 삶과 문학』, 홍성사, 1983

조호상, 『주몽의 나라』, 알마, 2009

하강진, 『李奎報의 문학이론과 작품세계』, 세종출판사, 2001

허경진 엮음, 『白雲 李奎報 詩選』, 평민사, 1997

꽃과 나무, 기타

강판권, 『나무열전』, 글항아리, 2007

강판권, 『역사와 문화로 읽는 나무사전』, 글항아리, 2010

강희안, 이병훈 역, 『양화소록』, 을유문화사, 2005

고규홍, 『도시의 나무 산책기』, 마음산책, 2015

권영한, 『무공해 건강 야채 쉽게 기르기』, 전원문화사, 2005

권영휴 · 이선아 · 김현준 · 이태영, 『돈이 되는 나무』, 푸른행복, 2014

기태완, 『꽃, 피어나다』, 푸른지식, 2015

김규원, 『삼국 시대의 꽃 이야기』, 한티재, 2019

김민식, 『나무의 시-간』, 브레드, 2019

김선숙 역, 『식품보존방법』, 성안당, 2016

김성수, 『한국의 조경수목』, 기문당, 2007

김옥임 · 남정철, 『식물비교도감』, 현암사, 2009

김재웅, 『나무로 읽는 삼국유사』, 마인드큐브, 2019

김철영, 『취미의 산야초』, 전원문화사, 1990

김태정 · 강은희, 『쉽게 키우는 야생화 - 여름 · 가을』, 현암사, 2002

김혜숙, 『집안에 숲을 들이다. 힐링원예』, 아카데미북, 2015

김홍은 외. 『우리꽃, 살리고 키워서 돈벌기』, 농민신문사, 1996

나카무라 고이치, 조성진 · 조영렬 공역, 『한시와 일화로 만나는 꽃의 중국문화사』, 2004

농촌진흥청 국립원예특작과학원, 『숨어있는 채소 · 과일의 매력』, 휴먼컬쳐아리랑, 2015

다마무라 도요오, 정수윤 역, 『세계 야채 여행기』, 정은문고, 2015

도기래, 『나무랑 마주하기』, 오늘의문학사, 2009

동양란연구회편, 『현대화훼도감』, 마당, 1990

류수노 · 이봉호 · 이병윤, 『자원식물학』, 한국방송통신대학교출판부, 2013

리상즈 · 리궈타이, 박종한 역, 『연꽃의 세계 - 연꽃, 수련, 왕련의 재배에서 감상까지』, 김영사, 2007

마츠키 게이코, 이광식 역, 『누구나 쉽게 가꾸는 건강채소 60종』, 동학사, 2001

마키노 도미타로, 안은미 역, 『하루 한 식물: 일본 식물학의 아버지 마키노의 식물일기』, 한빛비즈, 2016

문원 · 김종기 · 이지원, 『원예작물학 I 』, 한국방송통신대학교출판부, 2013

문일평, 『화하만필』, 삼성문화재단, 1972

문일평 · 정민, 『꽃밭 속의 생각』, 태학사, 2005 (문일평 짓고 정민 풀어씀)

박상진, 『문화와 역사로 만나는 우리 나무의 세계 1~2』, 김영사, 2011

박상진, 『역사가 새겨진 나무이야기』, 김영사, 2004

박세당, 『색경(穡經)』, 농촌진흥청, 2001

박원만, 『텃밭백과』, 들녘, 2007

박충훈, 『산야초를 찾아서』, 우석, 2001

사토우치 아이, 김창원 역, 『원예도감』, 진선출판사, 1999

손광성, 『나의 꽃 문화산책』, 을유문화사, 1996

스티븐 부크먼, 박인용 역, 『꽃을 읽다』, 반니, 2016

아라이 도시오, 최수진 역, 『초보자의 채소 가꾸기』, 2007

안은금주, 『싱싱한 것이 좋아』, 동녘라이프, 2011

양승, 『약선식품 동의보감』, 세계중탕약선연구소, 2010

양종국, 『역사학자가 본 꽃과 나무』, 새문사, 2016

유기억, 『꼬리에 꼬리를 무는 나무 이야기』, 지성사, 2018

유다경, 『도시농부 올빼미의 텃밭 가이드』, 시골생활, 2010

유박, 『화암수록』, 휴머니스트, 2019

유중림, 『증보산림경제 II 』, 농촌진흥청, 2003

윤주복, 『식물 관찰 도감』, 진선출판사, 2006

이광만, 『우리나라 조경수 이야기』, 이비락, 2010

이광만 · 소경자, 『한국의 조경수 1~2』, 나무와문화 연구소, 2017

이나가키 히데히로, 김선숙 역, 『싸우는 식물』, 더숲, 2018

이나가키 히데히로, 박현아 역, 『재밌어서 밤새 읽는 식물학 이야기』, 더숲, 2019
이남숙, 『당신이 알고 싶은 식물의 모든 것』, 이화여자대학교출판문화원, 2017
이동혁·제갈영, 『길과 숲에서 만나는 우리나라 나무 이야기』, 이비컴, 2008
이상권, 『삶이 있는 꽃이야기』, 푸른나무, 1995
이상희, 『꽃으로 보는 한국문화 1~3』, 넥서스, 1999
이석호·이원규, 『중국명시 감상』, 2007
이선, 『우리와 함께 살아온 나무와 꽃 - 한국 전통 조경 식재』, 수류산방 중심, 2006
이어령 책임편찬, 『매화』, 종이나라, 2006
이유미, 『우리 나무 백가지』, 현암사, 2015 개정증보판
이창복 감수, 『식물도감』, 은하수미디어, 2006
이철희, 『매일 먹는 보약 몸에 좋은 채소』, 더스타일, 2016
이타키 토시타카, 장광진 역, 『가정 채소재배 대백과』, 동학사, 2005
이홍석·박효근·채영암, 『한국 주요 농작물의 기원, 발달 및 재배사』, 대한민국학술원, 2017
장영란·김광화, 『밥꽃 마중』, 들녘, 2017
장유승 박동욱 이은주 김영죽 이국진 손유경, 『하루 한시』, 샘터, 2015
장은옥, 『식물도감 202 야생화』, 수풀미디어, 2009
장충식 역, 『십팔사략1』, 한국자유교육협회, 1971
전국귀농운동본부, 『내 손으로 가꾸는 유기농 텃밭』, 들녘, 2006
정구영, 『나무 동의보감』, 글로북스, 2014
정민, 『한시 미학 산책』, 휴머니스트, 2010,
정필근, 『생약초』, 홍신문화사, 1990
정혜경, 『채소의 인문학』, 따비, 2017
조용진, 『동양화 읽는 법』 개정판, 집문당, 2014
차건성, 『화훼원예 대백과』, 오성출판사, 1989
최상범, 『야생화 정원』, 기문당, 2005
최상범, 『원예·조경식물의 학명』, 동국대학교출판부, 2004

최주견, 『가정원예』, 샛별사, 1977
최중옥, 『내 마음이 머무는 꽃밭에서』, 파라다이스복지재단, 2004
타샤 튜더, 김향 역, 『타샤 튜더, 나의 정원』, 윌북, 2009
호조 마사아키, 황지희 역, 『심기에서 수확까지 한 권으로 알아보는 채소 기르기』, 하서출판사, 2013
후지타 사토시, 남진희 역, 『베란다에서 키우는 웰빙채소』, 넥서스BOOKS, 2006
후지타 사토시, 전창후 감수, 『채소 재배 교과서』, 스타일북스. 2013
井上昌夫, 『DVDだからよくわかる! 野菜づくり』, 西東社, 2009
加藤義松, 『マンガと絵でわかる! おいしい野菜づくり入門』, 西東社, 2017
木嶋利男, 『伝承農業を活かす 野菜の植えつけと種まきの裏ワザ』, 家の光協会, 2016
新田穂高, 『自給自足の自然菜園12か月』, 宝島社, 2016
『ひと目でわかる花木と果樹の剪定と育て方』, ブティック社, 2016
福田俊, 『市民農園1区画で 年間50品目の野菜を育てる本』, 学研プラス, 2019
福田俊, 『プロが教える有機·無農薬おいしい野菜づくり』, 西東社, 2017
船越亮二, 『自分で育てて食べる果樹100』, 主婦の友社, 2017
三輪正幸, 『おいしく実る! 果樹の育て方』, 新星出版社, 2017
『ムダなくおいしく使い切り食品保存百科』, 宝島社, 2016
국립수목원 국가생물종지식정보시스템(Nature)
농림수산식품교육문화정보원 생명자원정보서비스(BRIS)
한국고전번역원 한국고전종합DB